《中国大百科全书》普及版

TIANRENHEYI ZHONGGUOGUDAIKEJIJIANSHI

天人合一

中国古代科技简史

中国大百科全书出版社

图书在版编目（CIP）数据

天人合一：中国古代科技简史／《中国大百科全书》普及版编委会编．—北京：中国大百科全书出版社，2018.6

（中国大百科全书：普及版）

ISBN 978-7-5202-0280-0

Ⅰ．①天… Ⅱ．①中… Ⅲ．①自然科学史－中国－古代－通俗读物 Ⅳ．①N092-49

中国版本图书馆CIP数据核字（2018）第103319号

总 策 划：刘晓东 陈义望
策划编辑：程忆涵
责任编辑：程忆涵 杨淑霞
责任印制：邹景峰 李宝丰
出版发行：中国大百科全书出版社
地 址：北京阜成门北大街17号 邮编：100037
网 址：http：//www.ecph.com.cn Tel：010-88390718
图文制作：北京鑫联必升文化发展有限公司
印 刷：天津画中画印刷有限公司
字 数：85千字
印 数：11891～31890
印 张：8
开 本：710×1000 1/16
版 次：2018年6月第1版
印 次：2022年12月第4次印刷
书 号：ISBN 978-7-5202-0280-0
定 价：25.00元

前言

《中国大百科全书》是国家重点文化工程，是代表国家最高科学文化水平的权威工具书。全书的编纂工作一直得到党中央国务院的高度重视和支持，先后有三万多名各学科各领域最具代表性的科学家、专家学者参与其中。1993年按学科分卷出版完成了第一版，结束了中国没有百科全书的历史；2009年按条目汉语拼音顺序出版第二版，是中国第一部在编排方式上符合国际惯例的大型现代综合性百科全书。

《中国大百科全书》承担着弘扬中华文化、普及科学文化知识的重任。在人们的固有观念里，百科全书是一种用于查检知识和事实资料的工具书，但作为汲取知识的途径，百科全书的阅读功能却被大多数人所忽略。为了充分发挥《中国大百科全书》的功能，尤其是普及科学文化知识的功能，中国大百科全书出版社以系列丛书的方式推出了面向大众的《中国大百科全书》普及版。

《中国大百科全书》普及版为实现大众化和普及化的目标，在学科内容上，选取与大众学习、工作、生活密切相关的学科或知识领域，如文学、历史、艺术、科技等；在条目的选取上，侧重于学科或知识领域的基础性、实用性条目；在编纂方法上，为增加可读性，以章节形式整编条目内容，对过专、过深的内容进行删减、改编；在装帧形式上，在保持百科全书基本风格的基础上，封面和版式设计更加注重大众的阅读习惯。因此，普及版在充分体现知识性、准确性、权威性的前提下，增加了可读性，使其兼具工具书查检功能和大众读物的阅读功能，读者可以尽享阅读带来的愉悦。

百科全书被誉为“没有围墙的大学”，是覆盖人类社会各学科或知识领域的知识海洋。有人曾说过：“多则价谦，万物皆然，唯独知识例外。知识越丰富，则价值就越昂贵。”而知识重在积累，古语有云：“不积跬步，无以至千里；不积小流，无以成江海。”希望通过《中国大百科全书》普及版的出版，让百科全书走进千家万户，切实实现普及科学文化知识，提高民族素质的社会功能。

2013 年 6 月

目录

第一章　华夏智慧——古代科技史概述

一、原始社会时期 1

二、先秦奠定科学理性基础时期 2

三、秦汉确立科学范式时期 3

四、南北朝第一次科学高峰时期 4

五、北宋第二次科学高峰时期 4

六、晚明第三次科学高峰时期 5

七、科学技术从传统到现代的过渡 6

第二章　春种秋收——中国农业发展史

一、原始农业时期 7

二、夏商西周时期 8

三、春秋战国时期 9

四、秦汉魏晋南北朝时期 10

五、隋唐宋元时期 12

六、明清时期 13

第三章　悬壶济世——中国医学史

一、起源和沿革 15

二、理论体系建立及其发展 17

三、医事管理及教研活动 20

第四章　天行有常——中国天文学史

一、萌芽时期：从远古至西周末 23

二、体系形成：从春秋至东汉 25

三、繁荣发展：从三国至五代 28

四、盛极而衰：从宋初至明末 29

五、中西融合：从明末至鸦片战争 31

第五章　大哉言数——中国数学史

一、传统数学萌芽：远古至春秋 33

二、知识框架确立：战国秦汉 34

三、理论基础奠基：三国至唐初 35
四、筹算数学高潮：唐中叶至元中叶 36
五、传统衰落与珠算普及：元中叶至明末 37
六、中西交融与艰难复兴：明末至清末 38
第六章　格物穷理——中国物理学史
一、传统物理学时期：从远古至明代后期 39
二、西学传入与传统终结：从明代后期至清末 47
第七章　炉火纯青——中国化学史
一、古代工艺化学 49
二、近代化学的传入 53
第八章　博物通达——中国生物学史
一、知识萌芽与积累：先秦时期 55
二、描述性知识体系奠定：秦汉至南北朝时期 58
三、古代生物学繁荣发展：隋唐宋元时期 59

四、古代生物学巅峰：明清时期 61

五、近代生物学的传入：晚清时期 63

第九章 泱泱神州——中国地理学史

一、地理知识产生和积累阶段 65

二、传统地理学形成和发展阶段 67

第十章 巧夺天工——传统工艺技术史

一、纺织技术的历史 71

二、陶瓷制造的历史 76

三、冶金技术的历史 81

四、古代建筑发展史 85

第十一章 上善若水——中国水利工程史

一、初步发展期 91

二、以黄河流域为主的时期 93

三、向南发展期 94

四、鼎盛时期 95

五、漕运为主时期 97

六、新技术酝酿期 97

第十二章 文明之火——中国古代四大发明

一、指南针的历史 99

二、火药的历史 101

三、造纸术的历史 102

四、印刷术的历史 104

第十三章 东西交融——科学文化交流史

一、西学东渐 109

二、东学西渐 115

第一章　华夏智慧——古代科技史概述

中国古代科技史是中华民族在其生存环境中认识和利用自然以及协调文明与自然发展的知识积累过程，是中华文明史的一个重要组成部分。中国科学技术经过夏商周三代的发展，在百家争鸣的春秋战国时期（前 770 ~前 221）奠定了科学的理性基础。在君主专制的体制和儒道互补的思想背景下发展的中国科学技术，在秦汉时期形成自己的范式，其后经历南北朝、北宋和晚明三次高峰期，人才辈出，成果丰硕，且居于当时世界的前列。但是，中国传统科技在从农业文明向工业文明转变的过程中开始落伍。清初以后，中国科学技术的传统方向发展受阻，被动地走上移植产生自欧洲的科学的道路。

[一、原始社会时期]

当今中国境内石器时代的文化遗址表明：100 多万年前的云南元谋猿人、

旧石器时代蓝田人使用的石器

50万年前北京猿人使用火的痕迹

陕西蓝田猿人已会打制并使用石质的工具；50万年前后的北京猿人已能使用火，并会保存火种；10万年前的丁村人已使用工艺水平较高的棱尖工具；3万～1万年前的山顶洞人已经学会人工取火。

1万年前生活在现今中国的广大领域的人们已经进入了新石器时代，采集狩猎遗迹遍布中国的东北北部、内蒙古、新疆和青藏；畜牧、农作遍布华北、东北南部、华中和华南；主要农作区在土质松软的黄河流域和长江流域。在公元前40～前30世纪中国进入城市文明和传说时代（有巢氏、燧人氏、伏羲氏、神农氏和黄帝的时代）。

[二、先秦奠定科学理性基础时期]

公元前25世纪的帝尧时代，中国古人开始有组织地观察天象。

公元前21世纪，大禹治水。公元前11世纪的殷周之际，形成“阴阳”观念。公元前8世纪的西周末年，产生“气”的观念。公元前6～前3世纪的春秋末至战国时期，原始的“五行”观念发展成五行学说，殷周以来的思想观念在百家争鸣中经历一次理性的重建，人格神的“天命观”转向理性的“天道观”，亦即“主宰之天”开始走向自然化和人文化：这种理性重建区分了“天道”和“人道”，“仰观天文，俯察地理”的观察精神通过《易传》的传播而得以发扬。老子和孔子先后倡导人道要遵循天道和顺应自然的“则天说”，子思和孟子相继阐明了人类要参与并帮助自然演化的“助天说”，荀子则提出人类要依据自然规律驾驭自然的“制天说”。遂有“人性”和“物理”的分途而治，“生成论”“感应论”“循环论”等宇宙秩序原理亦被提出，为中国传统科学的产生和形成奠定了理性的哲学基础。这一时期在技术上也有相当高的成就。

[三、秦汉确立科学范式时期]

此时期中国不仅完成了诸如纸、指南车、记里鼓车、手摇纺车、织布机、水碓、龙骨水车、风扇车、独轮车、钻井机、浑天仪和候风地动仪等许多重大技术发明，而且在以刘安为代表的新道家和以董仲舒为代表的新儒家思想的影响下，以阴阳、五行学说和元气论为哲学基础形成了算学、天学、舆地学、农学和医学五大学科范式。

大致成书于西汉时期的《九章算术》，总结秦汉以前的数学成就并确立中国数学的发展范式，成为汉代以降两千年之久数学之研究和创造的源泉。东汉张衡的《灵宪》和《浑仪注》阐述宇宙如何从混沌的元气演化出浑天结构的物理过程，这一模型作为主导范式一直指引着中国传统天文学的发展。东汉班固所著《汉书•地理志》作为中国第一部以“地理”命名的著作，奠定了以沿革地理、疆域地理为主的中国传统地理学范式的基础。西汉末年氾胜之所著《氾胜之书》是现存中国最早的一部农书，确立了以总论和各论描述农作物栽培的范式，其后的重要综合性农书莫不沿袭其写作体例。成书不晚于西汉时期的《黄帝内经》,以阴阳、五行和元气论为哲学基础，通过藏象、经络和运气等概念，建立一个对生理、病理和治疗原理给以整体说明的模式，奠定中国两千年来传统医学理论范式。

汉代谷物加工工具——水碓

[四、南北朝第一次科学高峰时期]

以魏晋玄学为特征的新道家思想解放运动，催生了5世纪中叶到6世纪中叶中国传统科学技术的第一次高峰。

南朝宋、齐之际的数学家祖冲之计算出圆周率在3.1415926和3.1415927之间，这一精度的纪录保持近千年之久，直到1427年才有阿拉伯数学家阿尔·卡西得到比之更精确的数值。北齐天文学家张子信经30多年的观测发现了太阳和五星视运动的不均匀性，这是继虞喜发现岁差（330）后的又一划时代的发现，为后世的太阳和五星运动研究开辟了新方向。在地理学领域，继裴秀创立“制图六体”理论和“计里划方”绘图方法以后，北魏郦道元的《水经注》开创以水道为纲综合描述地理的新形式。北朝后魏农学家贾思勰的《齐民要术》（533 ~ 544）标志着中国农学体系的成熟。在医学领域继西晋皇甫谧的《针灸甲乙经》（约259）之后，南齐本草学家陶弘景的《神农本草经集注》将人文原则的“三品”分类法改为依据药物自然来源和属性的分类法，开辟了本草学的新理论体系。

[五、北宋第二次科学高峰时期]

在以理学为旗帜的新儒学理性精神的影响下，11世纪中国传统科学技术达到了其发展的顶峰。

技术发明家毕昇在雕版印刷全盛的时代发明胶泥活字，开启活字版印刷时代的先河。曾公亮等人编著的《武经总要》（1044），记载火药配方和包括火箭在内的各种火器，以及用于航海的水罗盘和指南鱼的制造方法。数学家贾宪在其《黄帝九章算经细草》中所创造的开方作法本原和增乘开方法，600年后才有法国数学家B. 帕斯卡达到同一水平。天文学家苏颂在其《新仪象法要》（1094）中，描述了他与韩公廉等人合作创建的水运仪象台，其中有十几项属于世界首创的机械技术，包括领先世界800年的擒纵器。建筑学家李诫著《营造法式》（1103），全面而准确地反映了当时中国建筑业的科学技术水平和管理经验，以其权威性作为建筑法规指导中国营造活动千年左右。医学家王惟一主持铸造针灸铜人，并著《铜人腧穴针灸图经》（1027），对针灸技术的发展起了巨大的推动作用。沈括在数学、物理、天文、地理和工程技术诸多领域都做出创造性的贡献，作为达·芬奇式的全才科学家享誉世界。

苏颂等人创制的水运仪象台

[六、晚明第三次科学高峰时期]

在实证实学思想的影响下，16世纪中叶到17世纪中叶的晚明时期，以综合性为特征的一批专著展现了中国传统科学技术第三次高峰。

医药学和博物学家李时珍的《本草纲目》（1578）提出了接近现代的本草学自然分类法，该书不仅为其后历代本草学家传习，并传到日本和欧洲诸国，被生物进化论创始人C.R. 达尔文等现代科学家引用。音律学家、数学家和天文学家朱载堉的《乐律全书》用数学方法解决了十二平均律的理论问题，领先法国数学家和音乐理论家M. 梅森半个世纪，并受到德国物理学家H.von 亥姆霍兹的高度评价。天文学家、农学家徐光启的《农政全书》（1639）对农政和农业进行系统的论述，成为中国农学史上最为完备的总结性著作。县学教谕和科技著作家宋应星的《天工开物》（1637）简

李时珍

要而系统地记述了明代农业和手工业的技术成就，其中包括许多世界首创的技术发明，从 17 世纪末就开始传往海外诸国，迄今仍为许多国内外学者所重视。旅行家和地理学家徐弘祖的《徐霞客游记》描述了百余种地貌形态，在喀斯特地貌的结构和特征的研究领域领先世界百余年。吴又可在其《瘟疫论》（1642）中提出的“戾气”概念，距 200 年后法国化学家和微生物学家 L. 巴斯德的细菌学说只差一步之遥。这一时期在技术方面也有一系列成就，如建造世界上现存最大的宫殿建筑群——北京故宫。

[七、科学技术从传统到现代的过渡]

中国近现代科学技术是在欧洲近现代科学技术东渐的基础上建立和发展起来的。

中国在 2000 多年前的秦汉时期就已大体形成南北两大比较统一的文化——南方的农耕文化和北方的游牧文化。在其后两千年间两大文化的冲突与融合中没有产生新文明，北宋末靖康之变（1126）和明末甲申鼎革（1644）带来的不过是游牧文化同化于农耕文化，而欧洲则在类似的文化冲突和融合中发展出工业文明。失去创造工业文明机会的中国，其科学技术传统由于鸦片战争（1840）而中断，最终以引进西学的方式走向近代化。从明清之际的西学东渐到 1928 年中央研究院建立是中国科学技术从传统转向现代的过渡期，在这个时期内基本上完成了从传统到现代的心态转变。这一转变是通过明清之际传教士的科学输入、同（治）光（绪）新政时期的科学技术引进和五四新文化运动这“三部曲”实现的。

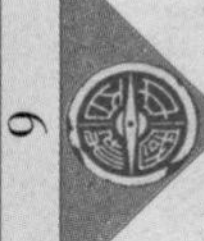

第二章　春种秋收——中国农业发展史

中国是世界农业发祥地之一。考古发掘证明，中国农业已有上万年的历史。

[一、原始农业时期]

几千处新石器时代遗址出土的考古材料显示，黄河流域的原始农业以种植粟为代表。

这一时期长江流域的原始农业以种植水稻为代表，湖南玉蟾岩遗址（约前 1.2 万～前 1 万）有迄今所知中国最早的栽培稻实物。著名的浙江河姆渡文化（约前 5000～前 4000），是中国炭化稻谷出土量最多的遗址。从各地遗址出土的材料看，当时的农业生产工具以磨制石器为主，同时也广泛使用骨器、角器、蚌器和木器。其种类包括：整地工具，如用来砍伐树木和清理场地的石斧，用来翻土和松土的石耜、骨耜、石铲；收割工具，如石刀、石镰、骨镰、蚌镰、蚌刀等。此外，还

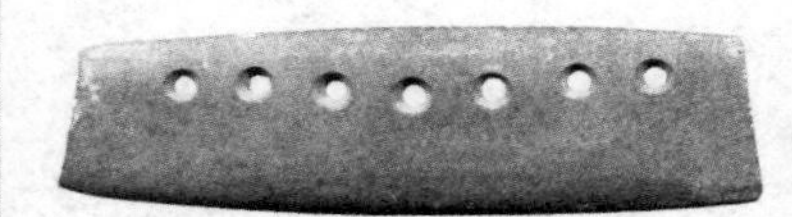

新石器时代七孔石刀

普遍使用加工工具石磨盘、石磨盘棒和石臼、木杵等。

当时的农业生产对自然条件的依赖很大，生产水平较低。黄河流域因气候干燥，雨量较少，适于旱地作物种植。长江流域及其以南地区因气候温暖，雨量充沛，湖泊、沼泽、河流众多，适于种植水稻以及耐阴的块根块茎作物。畜禽饲养方面，南北各地新石器时代遗址都有驯养猪、犬、牛的遗存，羊及马则以北方为主，鸡的驯养稍迟，南北方都有。在新石器时代早期，尽管已有了原始种植业和饲养业，但采集和渔、猎仍占重要地位，直至新石器时代晚期，在农业相对发展、人们已经定居下来以后，采集和渔、猎仍占一定地位。这是原始农业结构的特点。此外，考古发掘表明，中国的原始农业不是起源于一地，而是呈多中心地发展。黄河流域和长江流域是最主要的两大起源发展中心，一个以旱作粟为代表，一个以水田稻为代表，并且在扩展、传播中不断交融。

[二、夏商西周时期]

财产私有制的产生促进农业生产力提高。

夏商西周时期农业生产力的提高，首先反映在农业生产工具上。当时出现了青铜农具，但数量不多，主要仍是木、石器，但种类增加了，出现了臿、铲等掘土工具和镰、铚等收割工具，还有钱、镈两种除草工具和一种用来碎土平地的木质榔头称耰，并有“或耘或耔”的记述，表明在农田操作中已有了整地和中耕、除草、壅土的内容。其次与农具的发展相联系，土地的占有制和利用方式也有变化。西周推行“井田制”，规定土地为国家公有，由国王将全国土地层层分封给各级贵族，按“井”字形划分为九区，中央一区为公田，四周八区为分授给八夫的私田。公田由八

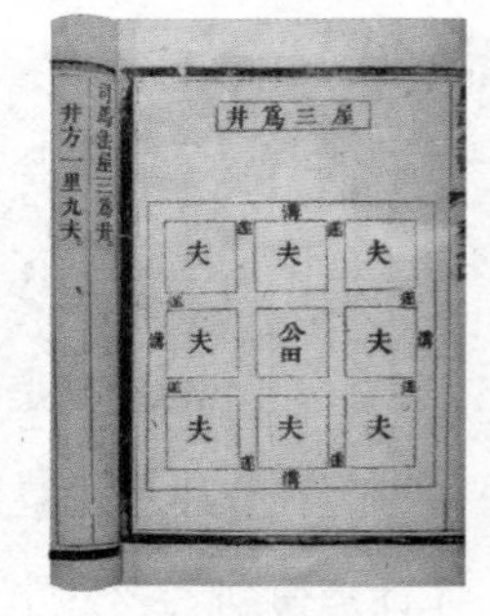

《农政全书》所绘“屋三为井”示意图

夫助耕，收获物全部上缴给统治者。男子成年受田，老死还田。奴隶们依附于井田，通过集体劳动进行大规模的土地开垦和种植。井田的田间有发达的排水沟洫系统，甲骨文的“田”字的形状，就是农田分割为沟洫的形象化，井田制农业也因此称沟洫农业。这时撂荒制尚未绝迹。有的地方还把田地分为可以连年种植的“不易之田”、种一年休闲一年的“一易之田”和种一年休闲二年的“再易之田”三类，实行有计划的休闲制。

这一时期黄河流域农作物仍以粟为主，但《诗经》中同时已提到禾、谷、粱、麦、稻、菽、麻、纻（苎）等。此外，园艺生产已有园和圃，即果树与蔬菜的分工，瓜、果、杏、栗等园艺作物都已种植。根据甲骨文和《诗经》等的记载，养蚕已成为农事活动的一部分。从殷墟出土的动物遗骸还证明当时的畜牧业不仅马、牛、羊、鸡、犬、豕“六畜”俱全，而且饲养数量大为增加。其中马匹由于战争和狩猎的需要，尤其受到奴隶主的重视，发展迅速。由于粮食增加，酿酒也较普遍。这时人们为了使栽培植物能够提供较好的收成，还逐渐从实践中学会了选择“嘉种”，懂得了早熟、晚熟和早播、晚播等品种的区别。畜牧业上也发明了淘汰劣马和公马去势的技术等。

[三、春秋战国时期]

鲁国实行初税亩，即按亩征收赋税的制度，不久也被其他诸侯国家采用。在秦国商鞅、魏国李悝等人的倡导下，一些诸侯国家的统治者代表新兴地主阶级的利益，纷纷实行变法，废井田、开阡陌。奴隶主国家土地所有制逐步被废除，封建土地所有制逐步形成。

在封建制度下，地主是土地所有者，土地可以自由买卖，原来的奴隶成为向地主租种小块土地的佃农，有了一定的经营自主权，生产积极性大为提高。同时，各诸侯国家之间互相争霸的战争，也迫使他们为了保证足食足兵而奖励耕战，重

视农业，甚至重农抑商。这就使春秋、战国时期的农业获得了奴隶社会无法比拟的发展动力，成为中国农业发展史上的一个重要转折点。

农业生产巨大发展的突出标志是铁制农具的出现。由于冶铁术的发明，这时的耕地农具耒耜，锄地农具如铫、镈以及收获农具如镰、铚等都已有了铁刃。而铁犁的出现，把耕地从间断式破土转变为连续式的前进做功，使生产效率大大提高。铁犁所需的动力大，用畜力作动力的牛耕也应运而生。有了铁制农具，改造自然的能力大为增强，许多大型灌溉工程如芍陂、引漳十二渠和都江堰、郑白渠等相继兴建，为农业生产提供了更好的水利条件。在土地利用上，由撂荒制过渡到连种制。

铁制农具还促进了作物栽培方法的改变。一是促使土壤耕作精细化；二是发明了畎亩法，即垄作技术；三是肥料的施用。由此可见，在推行铁制农具的基础上，综合应用深耕多锄和多粪肥田等措施，中国农业的耕作传统已奠定基础。与此同时，畜牧方面出现了相畜术，其中以伯乐相马和宁戚相牛尤为著名。“兽医”一词首见于战国，《周礼•天官》有“兽犬医掌疗兽犬病，疗兽犬疡”的记载，兽犬病和兽犬疡分别相当于现在的兽医内科和外科。蚕业生产也有很大发展。江陵战国楚墓中的马山一号墓出土的丝制品质地精良，说明当时已能纺织出薄如蝉翼的纱罗织物。这一时期的农业成就反映在学术研究上，就是许行等农学家的出现和农学著作的产生。如《吕氏春秋•审时》说：“夫稼，为之者人也，生之者地也，养之者天也。”正确地总结了农业生产中人的劳动和土壤、气候三大因素的相互关系，并把人的因素放到了首要地位。

[四、秦汉魏晋南北朝时期]

秦代结束了战国纷争的局面，国家归于统一。汉代推行一些有利农业的政策，如劝民农桑、兴修水利、储粮备荒、西域屯田、轻徭薄赋等，对促进当时的农业生产起了一定作用。魏、晋、南北朝时，国家又趋于分裂，北方的农业技术随人口南下，但政治经济和农业生产重心仍在北方，是北方传统耕作技术形成体系和趋于成熟的时期。

由于冶铁业的发达，铁器农具在汉代已经普及，且种类大增。北魏时从整地、播种、中耕除草、灌溉、收获、脱粒到加工各个环节，有记载的农具达30余种。特别是犁的革新、耧车和提水工具的创制，作用更为显著。汉代发明犁壁以后，土垡可按一定方向翻倒，从而能同时完成翻土、灭茬、开沟、起垄等作业，大大提高了耕作效率；耧车由种子箱、排种器、输种管、开沟器和机架牵引装置组成，可以完成开沟、播种、盖土工序，实为现代机械化播种机的雏形。汉代出现的提水工具翻车，在古代抗旱排涝中也有重要作用。

牛耕图，甘肃嘉峪关魏晋墓砖画

在耕作栽培方面，汉代推广“代田法”“区田法”，对提高产量和防旱保墒有明显作用。魏、晋时又创造了碎土工具耙，使整地工艺得到改进。这一时期施肥技术也有很大发展，开始讲究施肥的数量、时间和种类，有了基肥和追肥以及人畜粪生熟之分，并强调使用熟粪。绿肥作物受到重视，被安排到轮作中。播种前实行的“溲种法”，是一种带肥下种的技术。此外，还出现了穗选法以及单打、单储、单种的选种、留种法等，使黄河流域的耕作栽培技术日趋完善。

这一时期的农业生产组成，在作物方面主要是小麦的地位进一步上升，与粟并驾齐驱。其他方面如发明了利用温室栽培葱、韭等作物的方法。汉武帝时，除在长安扩建规模很大的上林苑（植物园）并多次从南方引种荔枝、龙眼、橄榄和柑橘等外，还从西域引入葡萄、苜蓿、胡麻（亚麻）等作物，开辟了扩大生产种类、丰富种质资源的途径，也是中国农业发展史上的一件大事。

秦、汉以后的400余年间，中国北方农业的辉煌成就，系统而完整地反映在北魏农学家贾思勰所著《齐民要术》中。该书不仅详尽地记述了北魏时黄河流域农业生产的实况，也是对秦、汉以来北方旱作农业技术的一个总结。在此期间，随着北方耕作技术的南传，南方农业也逐渐改变火耕水耨的面貌，水稻面积扩大，产量有所提高，但总的生产水平仍不及北方。

《齐民要术》书影

[五、隋唐宋元时期]

隋唐宋元时期，农业生产上重要的进展是南方农业的进一步开发、繁荣。

魏、晋、南北朝以后，北方时有战乱，南方则一直较为安定。北方人口大量南移，人口的增加提出了兴修水利、扩大耕地以发展农业，特别是增加粮食生产的要求，同时也为实施这些措施提供了劳力条件。后宋室南渡，政治经济重心南移，发展农业的要求更为迫切。当时由于江南农业以水稻为主，兴修水利尤其受到关注。水利设施的形式以兼有排蓄功能的堤堰、陂塘为主。扩大耕地在平原水乡以营造圩田为主；沿海则修筑海堤，以防海潮，并改造盐碱地为农田；在南方山区主要是营造“叠石相次、包土成田”的梯田，缓和了水土流失。

唐、宋时期的南方农业除耕地面积增加外，由于农具和整地、施肥等技术的革新，在经营的集约化方面也有新的发展。长江流域出现的曲辕犁操作灵巧省力，可以调节犁层的深浅和耕垡的宽窄，水田、旱地都适用，大大提高了劳动生产率和耕地质量。同时，其他农具也出现革新或得到完善，近代使用的主要传统农具此时已基本齐备。宋代由于进一步使用了适于水田中碎土平地的耖，在犁耕和耙地之后，继之以耖田的工序，又使水田的整地质量更为提高，这种水田耕作技术一直沿袭至今。在肥料使用方面则强调合理施肥以培养地力的重要性。

元代王祯《农书》槽碓图

上述各项技术的综合应用,为大面积推广复种、提高土地的利用率和单位面积产量创造了条件。唐、宋时期发展较快的复种形式是稻麦两熟制。由于北方人口大量南移，麦类的消费需要激增，南方原来多种在旱地的大麦、小麦渐成为稻田的冬作。这一时期经济作物生产也有重大发展。一是茶的兴盛，二是甘蔗的扩种和制糖技术的进步，三是棉花的引种。由于经济作物的发展大多在南方，加以南方粮食生产有了显著提高，这时南方的农业生产水平超过了北方，一跃成为中国的基本经济区。有关宋代及以前江南一带农业生产技术上的重大成就，在《陈旉农书》等农学著作中有较为充分的反映。

[六、明清时期]

明清时期，经济上面临的突出问题是人口的急剧增加。

自明洪武十四年（1381）到清道光十四年（1834）的450余年中人口增加了五倍多。由于耕地面积的扩大赶不上人口增长的速度，人多地少日益成为全国性矛盾。在这种情况下，明、清两代政府一方面通过垦荒、发展圩田和开发沿海盐碱地等方式扩大耕地面积；另一方面通过增加复种指数，提高单位面积产量。此外，这一时期还从海外引入高产的甘薯和玉米，因其适应性强和单位面积产量高，到清初已传遍各地，在丘陵地区发展尤快，不久就取代了原来种植的粟麦等杂粮

明徐光启《农政全书》手稿

作物。由于粮食增产，扩种经济作物有了可能。除此前已推广种植的桑、棉、茶和甘蔗外，明代又从国外引入烟草。这些经济作物产量的增加，促进了农产品的商品化和农村中的资本主义萌芽。

约在15世纪中叶以后，伴随着商品经济的发展，农村中已有使用雇佣劳动、从事商品性生产的经营地主和原始富农经济出现。到清代，这些带有资本主义因素的经济成分有所增长，但当时的封建王朝却继续采取重农抑商和稳定封建经济的政策，在这种情况下，农村中的资本主义萌芽受到严重压抑，新的科学技术也无法传入推广。1840年鸦片战争以后，中国沦为半封建半殖民地，帝国主义侵略和日益苛重的封建剥削使农村经济江河日下。帝国主义国家为使中国成为其半殖民地和殖民地而继续维护中国的封建统治，农村中的资本主义经济未能得到发展。直到清代末叶，西方近代农业科技才开始受到重视，农桑学校、农业试验场和农业推广机构等有所兴办，同时农学研究逐渐走上与新的科学技术相结合的道路。

第三章　悬壶济世——中国医学史

中国传统医学是 5000 年中国传统文化的组成部分，其独特的理论范式在 2000 多年前的秦汉时代就已经确立。不同历史时期的政治、经济、哲学思想、科学技术的影响以及医疗中对新问题的探索，使中国传统医学的发展有着独特的经历和内在规律。

[一、起源和沿革]

人类的医疗保健活动是和生产、生活实践紧密相联的，中国传统医学在没有文字的远古时期已经发源。

中国是医药文化发祥最早的国家之一。生活在中华大地上的先民们早在 170 万年以前，就在生活和劳动中开始了医药活动。最早的医药活动与用火、用石器和采集食物有着密切的关系。考古发掘证实，四五十万年前的"北京猿人"时代

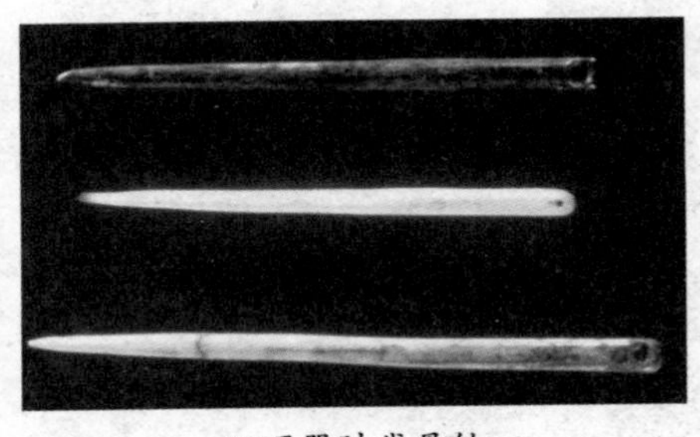
旧石器时代骨针

虽然还不能钻燧取火，但已学会了使用天然火。之后在传说的“燧人氏”时代（约一两万年前），发明钻木取火，从而改变了食物结构，使先民们免于进食生冷食物引起肠胃损伤。火还用于取暖和保健，进而创立了灸法。又据文献记载，古代常用砭石作为治疗器具。砭石是具有锐利边缘或突起的打制石器，本是石器时代的生产工具，当它被用来刺激或切开人体某一部位达到治疗目的时，人们称之为砭石。为保证砭刺的安全有效，砭石逐渐向制作精细、形态多样发展。考古发掘已发现了多种古代的医用砭石。砭石用于治疗，一般被视为是中医针刺疗法工具和外科手术工具的起源。此后随着生产力的发展，砭石逐渐被骨针、竹针、陶针等取代，最后被金属制成的针具或刀具取代。1968 年河北满城西汉刘胜墓出土了九针，其中四根金针，五根银针，系《灵枢》所论述之九针。金属针具促进了针刺疗法和外科的发展。传说中的神农氏时期已经进入农耕时代，距今约有 5000 余年。传说神农亲自品尝植物和水泉，以寻求安全的饮水食物，并在此过程中认识了某些药物，此谓“神农尝百草，始有医药”和“药食同源”。

氏族社会早期的巫既掌管祭祀、卜祝，也从事医疗保健，历史学家称此为巫医时代。此后巫与医分工而进入医学时代。历史上，夏代、商代和西周是巫医时代，春秋战国时期巫、医分立，由医师负责医疗保健。这个从巫到医的历程，在史料中有所记载。中国传统医学的最早文字资料可见于甲骨卜辞。甲骨文是刻在龟甲兽骨上的文字。今存的甲骨卜辞记载了殷代武丁时期的许多医学知识和医学活动。甲骨文中，殷人对人体表面构造的认识已比较具体，并记有 20 余种疾病的名称，以及关于生育、梦的内容。有病求神占卜，是当时常见的现象。这一时期，巫师掌握着奉祀天地鬼神以及为人祈福禳灾的大权，因而此时的巫和医是一体的。巫用以治疗疾病的主要方式是祷祝，但有的巫也采用药物或其他方法治病。《山海经》中就记有十巫采药的故事。随着社会的发展和医疗经验的积累，人们对自然和疾病有了较多的认识，巫医的势力逐渐减弱。在春秋战国时期，已出现了不少真正的职业医生，如医和、医缓、扁鹊等，他们的医学见解和治疗活动已见于史书记载。《周礼》中已将“巫祝”“医师”分开，宫廷有了初步的医事管理制度，医学分工已初步形成。此外，先秦时期的卫生保健也有较大的发展。

[二、理论体系建立及其发展]

春秋战国时期，中医对人体的解剖、病因病理、疾病的诊治等方面的认识已有长足的发展。

现存最早的医书——马王堆汉墓医书中已经将经脉系统化，为药物和针灸等外治法积累了一定的经验。战国时期诸子蜂起，形成百家争鸣的局面，各种流派的哲学思想十分活跃，为医学家建立理论体系提供了思想武器，一系列医学理论著作应运而生。《内经》《难经》是此类著作的仅存者。它们不仅记录了先秦以来的医疗实践经验，而且引进了哲学中的气、阴阳、五行等概念和天人相应等观点，用以贯穿多方面的医学知识，成为整合理论的间架，又作为医学的方法论形成了中医学理论体系。哲学思想和医疗实践的结合也构成了中医学的特色，这一体系的哲学理论高度明显地超越了当时的临床实践水平，因而此后它充分地在理论上指导着中医临床医学的实践和发展。

现代出土的马王堆汉墓医书、武威汉代医简以及散见于史书中的材料表明，战国末期至秦汉，临证经验大量积累并逐渐形成辨证论治的某些原则。东汉末张仲景的《伤寒杂病论》是中医临证医学的里程碑，它反映了辨证论治原则已然确立，标志着临证医学发展到一个新阶段。与此同时，药物学也因《神农本草经》的问世而得以确立。

《黄帝内经·灵枢》书影

本草即中国传统药物学，因植物药使用较多而得名。先秦时期的药物知识散见于各种文献，医方书（如《五十二病方》）中也间或记载药物形态。汉代的《神农本草经》总结了秦汉以前的药物理论和经验，托名传说中的医药始祖神农撰，成为中国本草发展的基础。此后医家以该书为内核进行补订，中医本草的主脉逐渐形成。本草和医方有着密切的联系。医方是药物治病的具体表现形式，包括有现称方剂的内容，古有伊尹创制汤液（早期医方的一种称谓）的传说。现存最早的方书是马王堆汉墓的《五十二病方》。《汉书•艺文志》已载录方书 11 家，274 卷。《内经》中已提到君臣佐使和七方（大、小、缓、急、奇、偶、复）的组方原则，但现知直到《伤寒杂病论》，方剂的组成和运用才与辨证立法紧密结合起来。医疗实践是不断产生新方剂的主要源泉。

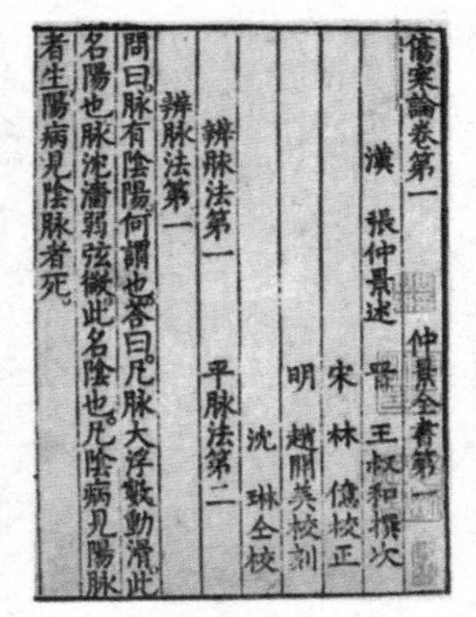
傷寒論卷第一　仲景全書第一
漢　張仲景述　晉　王叔和撰次
宋　林　億校正
明　趙開美校刻
沈　琳仝校
辨脉法第一　平脉法第二
辨脉法第一
問曰脉有陰陽何謂也荅曰凡脉大浮數動滑此名陽也脉沉濇弱弦微此名陰也凡陰病見陽脉者生陽病見陰脉者死

《伤寒论》书影

在秦汉时代，既有《内经》《难经》的医学理论和其中的诊法、治法治则、针灸等，又有系统阐述辨证论治的《伤寒杂病论》，在药物学方面有《神农本草经》，而在制方方面已经有多种方书。这些原创性的著作被后世称为医学之经典，也以其理、法、方、药的完备标志中医学理论体系的奠定。

从晋代以降，中医学在每一个历史时期都有所创新和发展。又因各时期的文化发展和哲学理念不同，各时期的医学理论和取向也深受其影响而有所差异。在两晋、南北朝、隋唐时代，玄学和佛学等冲击了汉代经学，同时又引进了印度医学，此时医学脱离了经学的束缚，临床各学科充分发展，尤其是外科手术发展很快，士人尚医尊生而重视方书，可称为方书的时代，如晋代葛洪《肘后方》、南北朝陈延之《小品方》等多种医方书，记载了大量民间经验方，在治疗范围和所用药物方面超过了《伤寒杂病论》所载。临床各科的医方专著也不断增多。唐代的《千金要方》《千金翼方》《外台秘要》等大型医方书，广泛收集各类医方，按专科或疾病等类编排。此时期佛道医学与经典医学相杂糅，并形成了佛教医学体系和道教医学体系。两宋及金元时期是中医学发展的转承时期，除继承前代医学外，在宋代理学辨疑和重视理论学风的影响下，医家锐意革新，自立门户，即所谓“儒之门户分于宋，医之门户分于金元”，宋代重视医学成果的整理出版，是一个医学文献繁荣的时代。明清两代，是中医学发展的继兴时期。中国历代瘟疫殊多，给国家、民族带来灾害，但也提供了实践机会，锻炼了医生，汉代张仲景在治外感热病实践中创立了六经辨证，而明清两代吴又可、叶天士、吴鞠通等人，在治疗热病过程中开创了温病学。明代赵献可、孙一奎、张景岳等据太极图的思路创立了各自的命门学说。清代医学家受朴学的影响在注疏经典和校勘医籍方面都取得了新的成就。

唐代《新修本草》书影

在中医学理论体系中，由于学术主旨不同以及学说、观点之异，其学术队伍中形成一批有较大影响的学派。在春秋战国时代，随着医疗技术的发明推广，先后有用针、用方药和重切脉的三大派别，此三派也是中医学初创时三个历程的赅括，被称为“三世医”，分别以《黄帝内经》《神农本草》《素女脉诀》为标志。到西汉时代，针灸和切脉两家融合为医经学派，重视药物和方剂者称为经方学派。另有被称为房中、神仙的派别也与医学交叉或联系。《汉书•艺文志》记载，当时有医经七家、经方十一家。医经七家中，只有《黄帝内经》传续于世，并以其经典价值成为中医学理论的基础。经方学派从先秦《五十二病方》，经魏晋诸方书，唐代《千金》《外台》，宋代三大方书《太平圣惠方》《和剂局方》《济生方》，至明代《普济方》之类，代有薪传发挥至今。汉末张仲景著《伤寒论》一书，后世应引者云集，成为一大学派。宋代科技发达，学风丕变，儒家唤起突破经学定于一尊的意识，有门户之分，医

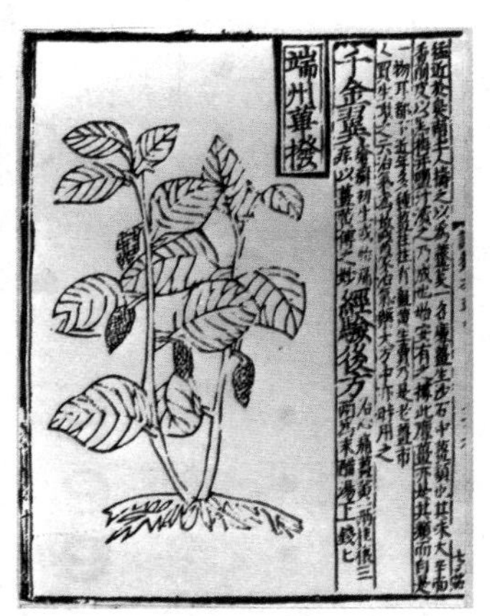

宋代《经史证类备急本草》插图

学也崇尚创新和争鸣。在著名的金元四大家中，形成以刘完素为首阐发火热病机的河间学派；以张元素为肇始，研究脏腑病机及辨证的易水学派。明清之际，中医治疗温病积累了丰富的经验，在病因上从热立论，创立了卫气营血及三焦辨证法，叶天士、吴鞠通、王孟英等一批医学家确立了温病学派。清末民初，西医学传入中国以后，有一批医学家主张中西医学汇聚而沟通之，衍成汇通学派，该派虽然历史较短，但提倡取长补短，在一个时期内办刊兴学，起到传承中医的作用，其余绪成为中西医结合的先导。学派推动了中医学科和理论的发展，学派之间此起彼伏、互相吸收渗透，在领异拨新中，形成中国传统医学继往开来的“长河”。

[三、医事管理及教研活动]

中医学自古就是一个成熟完备的医疗保健体系。在医疗方面有宫廷医疗保健机构、医院、医药慈善机构以及相应的医疗行政管理体制。此外，系统的中医学教育开世界之先河，历史悠久。

宫廷医疗保健机构　这是为管理替皇家医疗保健服务的医务人员而设立的机构。历代宫廷的医疗保健均由太医负责。太医隶属于太医局。围绕着帝王的医疗，又设立了尚药局（或御药院）等药物采办调剂机构，分工严密，各负其责，如隋代尚药局每季由太常官检查药物，储新换陈，专设御药库储存皇帝常备药物。宫廷用药除必要的采办之外，还接受各地方政府及各国的贡献。此外，在北齐、隋、唐、元、明等朝代，还有专为皇太子服务的药藏局和典医监。

医院和医药慈善机构　古代医生看病，多在自己的诊所或应请上门治病。将病人集中在一处予以治疗，这种私人医院的形式并不普遍。然而以官方或佛教等名义举办的一些慈善机构，实际上具有医院的作用。汉代元始二年（公元 2 年），政府下令利用空闲房屋，收容疫病患者集中治疗，已具医院雏形。北魏时专设病坊救治老年痼疾，又派太医署的医师在固定的馆驿治疗病人，根据其疗效以定赏罚。南朝萧齐时代设有六疾馆，收治各种传染病人。佛教徒为弘扬佛法，也常设立病坊，收容为社会所遗弃的疠疾（麻风）患者，由医僧调治。唐代政府派专人管理京城长安的病坊，有悲田院（兼收乞丐）、福田院（专收麻风患者）诸名，多带佛教色彩。宋代的医院更是名目繁多，如福田院、安济坊、保寿粹和馆等，其中有官办的，也有私人办的，收治如麻风病人、传染病人、孤老等。元代设置广惠司，掌管回回药物院，聘用阿拉伯医生配制药物，既为宫廷服务，又为在京兵民治病。明代的安济坊、养济院的设置更为普遍，这些具有慈善事业性质的医院对防止传染病扩散等具有一定的积极作用。

全国医药行政管理机关　这种机关在《周礼·天官》中已有记载。当时设有医师一职，负责掌医之政令，聚集药物以供医疗之需。医师之下又有士（负责医疗的医生）、府（药物、器械及财务管理人员）、史（文书和病历管理人员）、徒（各种差役及看护人员）四类。医士接待社会上各种患者，分科诊治，建立病历。年终根据治愈率来决定他们的级别和俸禄。秦代这种医师的职责由太医令、丞掌管，他们除管理宫廷侍医之外，也负责国家医药政令。太医令的名称、职责后世续有变迁，至隋唐时，形成了太医署和尚药局两大机构。尚药局系宫廷的御药房，太医署则管理宫廷及王公大臣的医疗事务，兼管医学教育，成为全国医药行政及医学教育的最高行政机构。这一机构在宋代又分为翰林医官院和太医局，翰林医官院掌供奉医药及承诏侍疗众疾，太医局则专门负责医学教育。但元明以后，由太医院行使全国医药行政及医学教育等职责。

官方的医学教育机构与医学分科　据《唐六典》记载，晋代已有“助教部”培养医家子弟。南北朝时期设置“医学”，北魏有太医博士及太医助教之职。隋唐两代的太医署才真正称得上制度较健全、分科及分工明确的医学教育机构。太医署分医学、药学两部，医学又分四科。各科教职员工配备齐整。为配合药学教学，专门辟有药园。地方医学校也在唐代开始设立。宋代改太医署为太医局，专管医学教育，教员从翰林医官院或尚药局遴选。宋太医局设九科授徒，其规模制度较唐太医署更为全备。同时在地方上也开始兴办医学校。元代改太医局为太医院，分十三科，另设医学选举司掌管教育，地方也仿宋制设医学校。明清以后略同，但其成效却每况愈下。医学校中均制定了考核制度。唐太医署每年均有月考、季考和年考，不同考试由不同级别的教授和官员主持。

医学校分科制度可溯源于《周礼·天官》所载，但医学教育部门明确分科，则始于隋唐。最初的分科是粗线条的，以后逐渐分化。总的趋势是随着学术的发展，医学分科愈来愈细。医学的分科从一个侧面反映了中医学发展的趋势。各朝医学校采用的教材大同小异，共同的特点是重视经典著作学习。以宋代为例，《素问》《难经》《诸病源候论》《嘉祐补注本草》是各科必修基础教材，然后再根据各科特点选修其他教材，如方脉科（内科）要攻《脉经》《伤寒论》等。

民间的医学教育　除官办医学之外，中国传统医学的教育主要依靠师带徒、家传、民办医校或自学等形式。史书记载，扁鹊学医于长桑君，淳于意先后师事公孙光及公乘阳庆，南北朝的徐之才世医出身、八代为医。历史上世代为医的现象屡见不鲜。与官办医校不同的是，民间师带徒大多注重临床实践，在随师临诊中学习。他们运用自己的实际经验和理论探讨促进了中国传统医学的发展。

综上所述，中国传统医学在5000年中，以其独特的理论体系、笃实而有效的实践、配套而有序的医事管理和系统的医学教育伫立于世界医学之林，在古代取得了卓越的成就，世界诸传统医学均遭湮没而中医学独能不断发展，堪为科学史上的奇迹。

第四章　天行有常——中国天文学史

中国是世界上天文学发展最早的国家之一，数千年来积累了丰富的观测资料，是古代自然知识体系的带头学科，为中国文明和世界文明做出了重要贡献。它萌芽于新石器时代，可追溯到4500年以前，至战国秦汉期间（前475～220）形成了以历法和天象观测为中心的完整而富有特色的体系。之所以形成这样的特色，又是和中国传统天文学由皇家主持分不开的，而后者又是在天人感应和天人合一思想支配下高度的中央集权制所必需的。

[一、萌芽时期：从远古至西周末]

中国古代天文学萌芽于原始社会，到西周末期已初具规模。

1960年在山东莒县陵阳河一带出土的距今约4500年的四个陶尊上都有一个符号，它由日、月、山组成，有人释为“旦”字。据实地勘察，在陵阳河遗址的东方有个寺嵦山，此山由五峰南北相连，每逢春分前后的早晨，太阳由中峰方向升起，如遇到残月偕日出，就能看到陶文表示的景象，大约每隔四五年有一次。因此，它可能是古人借助自然标志确定春分的真实记录，并且能和《尚书•尧典》中的“分命羲仲，宅嵎夷，曰旸谷，寅宾出日，平秩东作”联系起来。《尧典》虽系后人所作，但它反映了远古时代的一些史实，当无疑问。古人除通过观测日出方向来定季节外，还观测黄昏时的南中星来定季节。《尧典》说，一年为 366 日，分为四季，用闰月来调整季节。更重要的是，《尧典》确定了天文观测是皇家关心的重要政事。比《尧典》晚的《夏小正》可能反映了夏朝的一些天文历法知识。

记述新星的甲骨片

1899 年以后，在河南安阳殷墟陆续出土的为数众多的甲骨文，把中国商代的历史奠基于磐石之上。在甲骨文中有五次月食记录，使夏商周断代工程可把商王武丁的在位年代确定在公元前 1250 年至前 1192 年之间。甲骨文中还有新星记录。比甲骨文稍晚的是西周时期（前 11 世纪～前 8 世纪）铸在铜器（钟、鼎等）上的金文。金文中有大量关于月相的记载，但无朔字。作为中国阴阳合历的关键词“朔”，到西周晚期的《诗•小雅•十月》篇中才出现：“十月之交，朔日辛卯，日有食之。”不但记录了一次日食，而且表明那时以日月相合（朔）作为一个月的开始。一些人认为，这次日食发生在周幽王六年，即前 776 年；也有人认为发生在周平王三十六年，即前 735 年。《诗经》时代天文知识已相当普及。《诗经》中虽没有完整的二十八宿记载，但在反映西周王朝制度的《周礼》中已有明确的二十八宿和十二次的划分。可以说到西周末期，中国传统天文学已初具规模。

[二、体系形成：从春秋至东汉]

春秋时期（前 770 ～前 476）是中国传统天文学从观察到数量化的过渡阶段。战国秦汉期间（前 475 ～ 220），传统天文学形成了以历法和天象观测为中心的完整体系。

《礼记•月令》虽是战国时期的作品，但据近人研究，所反映的是春秋中叶（前 600 年左右）的天文学水平。它以二十八宿为参照物，系统地给出了每月月初的昏旦中星和太阳所在的位置，并且载明君主每月应该进行哪些仪式和活动，使中国传统天文学的政治化倾向更加明显。

《春秋》和《左传》是这一时期的主要历史文献，其中有大量的天文资料。《春秋》记载了 37 次日食，经核算，其中 31 次是可靠的。《左传》中有两次“日南至”（冬至）记载，一次在前 654 年，另一次在前 521 年，间距为 133 年，而天数为 48758 日，合一年为 365 又 33/133 日。为简便起见取尾数为 1/4。凡以这个数字为回归年长度的历法，都叫四分历。在汉武帝于前 104 年颁布太初历之前的古六历都是四分历。因为四分历采用一回归年为 365 日，而太阳在恒星背景上每年移动一周（从冬至点到冬至点），所以也就规定圆周为 365 度，太阳每天移动一度。这个制度构成了中国传统天文学的一个特点，一直沿用到 17 世纪。这里也牵涉到中国传统天文学的另一特点，即确定回归年长度的“日南至”是用圭表测影的方法得到的。圭表在中国古代始终被当作主要的天文仪器之一。

随着观测资料的积累，战国时期（前 475 ～前 221）开始有天文学的专门著作出现。魏国的石申著有《天文》8 卷，齐国的甘德著有《天文星占》8 卷。根据唐代人的辑录，在石申的著作中有 121 颗恒星的坐标位置，是世界最早的星表；在甘德的著作中有关于木星卫星的观察，比伽利略早 2000 年。

在战国时期形成的中国古代哲学的三大范畴（气、阴阳、五行）影响到传统天文学的各个方面。《庄子•天运》和《楚辞•天问》提出了一系列具有深刻意义的问题，比较重要的有两个：一是宇宙结构如何，它的运行机制怎样；二是天

战国早期曾侯乙墓漆箱盖二十八宿星象图

地如何形成和演化。对这两个问题的深刻探讨到今天也没有结束。为了回答第一个问题，战国时期出现了盖天说，到汉代又有浑天说和宣夜说等的出现。对于第二个问题，汉代的《淮南子·天文训》一开头就用“气”的思想回答：宇宙最初是一团混沌状态，既分之后，轻清者上升为天，重浊者凝结为地，天为阳气，地为阴气，二气相互作用，产生万物。这个观点被后代许多学者继承和发展，是中国古代天体演化学说的主流。《淮南子·天文训》成书于前160年左右，它的重要性还在于赋予天文学以突出的地位，在一部著作中撰写专门的章节叙述。司马迁继承了这一做法，在《史记》中专设两章，《天官书》讲天文，《历书》讲历法，历代修史无不援引此例，这对中国传统天文学能够持续发展并把观测记录保存下来起了不可磨灭的作用。

《淮南子·天文训》第一次列出了二十四节气的全部名称，其顺序和现今通行的完全一致。二十四节气分十二节和十二气，彼此相间，是中国历法的阳历成分，“朔”是阴历成分，用“闰”来调整阴阳二历，构成了传统历法的特色。汉武帝于元封七年（前104）颁布的太初历，以正月为岁首（建寅），以遇到没有中气的月份为闰月，使季节与月份配合得更合理，是历法的一大进步。太初历是有完整文字记载的第一部历法，经过刘歆修改，以三统历的形式保存在《汉书·律历志》中。它奠定了中国数理天文学的格局：①太阳系内七大天体（日、月、五星）的观测及其运行规律的研究；②恒星位置的观测；③日月交食的计算、预报和观测；④二十四节气的推算；⑤测时、守时、授时系统的规定和各种技术的改进。其中关于日食的

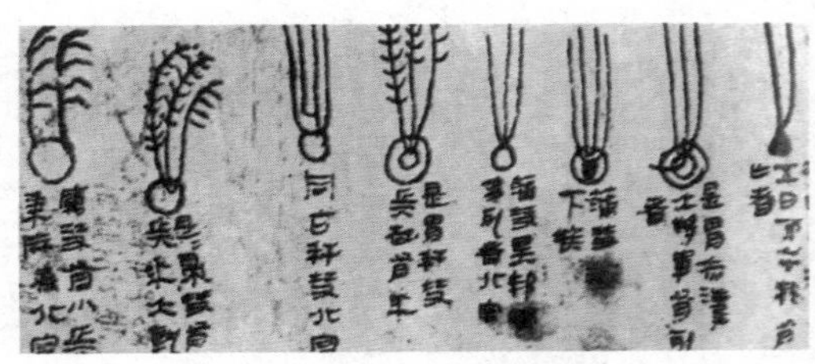
马王堆汉墓出土的彗星帛画

计算特别重要，它是判定一部历法好坏的重要标准。《汉书·律历志》说“历之本在于验天”，意即在此。历法虽是由皇帝颁布的，但他做选择时不能违背这条标准，这就保证了它只能向精密化的方向发展。

太初历在使用了188年以后，由于所采用的回归年和朔望月的数值偏大，长期积累的误差已很显著，于是在东汉元和二年（85）又改用四分历，但这并不是复旧，只是又采用了365日为回归年的长度，在其他方面则大有改进。在实行四分历的过程中，发现月球的近地点运动很快，每月移动三度多，九年后又回到原来位置，于是当时的学者提出九道术来处理这一问题。公元123年发生了一场大辩论，刘恺等80余人主张恢复太初历，李泓等40余人主张继续使用四分历，双方的论据都是“谶纬”神学，张衡等少数人勇敢地站出来，认为这样的立论根本是错误的，历法的讨论不应以是否合乎谶纬为标准，而应以天文观测的结果为依据。他和周兴的观测结果以九道术最为精密。最后，尚书陈尚忠总结时采取了折中态度，结果是继续使用四分历，但九道术未被采纳，直到刘洪的乾象历（206）中才得以采用。

候风地动仪复原模型

张衡是和托勒玫同时代的人物，在天文学和地学方面都有卓越的贡献。在地学方面，他以发明候风地动仪闻名于世。在天文学方面，他的《灵宪》和《浑天仪·图注》是两部经典著作。前者是早期天体物理学方面的著作，其认识水平在其后的1500年间未有实质性的超越。后者是为制造浑仪而写的说明，具有球面天文学性质，是中国古代宇宙论的标准模型——浑天说的代表作。除观测用的浑仪以外，张衡又在耿寿昌发明的演示仪器浑象的基础上制成漏水转浑天仪，开创了用水为原动力来驱动代表天象和时间的表演仪器的先河，后经唐代一行和梁令瓒、宋代苏颂和韩公廉的发展，成为世界上最早的天文钟。

[三、繁荣发展：从三国至五代]

与欧洲在公元5世纪进入持续千年之久的中世纪形成鲜明的对比，中国在汉朝以后虽有一段分裂局面，但未影响到天文学的发展，而唐朝（618～907）则是当时世界上最强盛的帝国，在天文学方面也以一行《大衍历》的完成形成了一个高峰。

东晋虞喜发现岁差，南朝祖冲之把它引进历法，将恒星年与回归年区别开来。祖冲之的儿子祖暅，发现过去人们当作北极星的纽星已离开实际上的北极一度有余，从而证明北天极常在移动，古今有不同的北极星。北齐张子信于公元565年前后在海岛上发现了太阳运动不均匀性、五星运动不均匀性和月球视差对日食的影响，并提出了相应的计算方法。这三大发现虽晚于希腊，但在中国天文学史上具有划时代的意义，并迅速被众多的历法承认和应用。

一行进一步发现：行星的轨道与黄道有一定的交角，行星的近日点也在移动，并且提出了计算近日点的方法。他还进行了恒星位置的观测，发现有150多颗恒星（包括二十八宿的距星）的位置和前代有所不同，现在知道，这些变化主要是由岁差引起的，一行虽未给出任何解释，但这一发现其意义是很大的，宋元时期频繁的恒星位置观测便与之有关。一行不但测天，而且测地。他与大相元太和南宫说等人分别出发到13个地方测量当地的北极高度和二分二至时中午日影的长度。13个地方分布面很广，最北到铁勒（今俄罗斯贝加尔湖附近），最南到林邑（今越南中南部）。最有意义的是：南宫说在河南平原上滑县、开封、扶沟、上蔡四个地方（这四个地方几乎在同一经度线上），不但测量了日影长度和北极高度，还用测绳丈量了这四个地方的水平距离。结果发现，从滑县到上蔡的距离是526.9唐里，但夏至时日影已差2.1寸，从而彻底否定了“日影千里差一寸”的传统假设。不但如此，一行又把南宫说和其他人在别的地方观测结果相比较，发现影差和南北距离之间的里差根本不存在线性关系。于是他改用北极高度（实际上即地理纬度）差来计算，从而得出，地上南北相去351.27唐里（约129.22千米），北极高度相差一度。这个数值虽然误差很大，但却是世界上第一次子午线实测。在有了纬度概念以后，一行又创九服影长、昼夜漏刻和食差计算法，打破了传统历法中这三项计算仅限于某一地点的局面，使历法普适于全国各地。在一系列创新的基础上，一行等人完成的《大衍历》于公元 729 年颁行全国。《大衍历》全书共计 52 卷，特别是其中的“历经”一卷，结构合理，逻辑严密，成为后世历家编次的经典模式。

[四、盛极而衰：从宋初至明末]

在以理学为旗帜的新儒学精神影响下，北宋时期（960 ~ 1127）中国传统科学发展到了顶点，具有世界意义的三大发明（火药、印刷术和指南针）就是在这个时期完成的，天文学也取得了辉煌的成就。元代郭守敬等人制成《授时历》（1280），标志着中国传统天文学发展达到最高峰。

北宋时期的天文学成就有：①记录了 1006 年和 1054 年出现的超新星，尤其是后者，成为 20 世纪天文学研究的前沿阵地。在它出现的位置上遗留了一个蟹状星云，在蟹状星云的中心又有一个脉冲星。②建造了六架大型观测仪器（浑仪），每架重量都在 10 吨左右。利用这些仪器进行过七次恒星位置观测。尤其是元丰年间（1078 ~ 1085）的观测，以两种星图的形式被保存下来：一是刻在石碑上，这就是现存的苏州石刻天文图；另一是绘在苏颂的《新仪象法要》中。③《新仪象法要》是为元祐七年（1092）制造的水运仪象台而写的说明书，它不但叙述了 150 多种机械零件，而且还绘有 60 多张图，这为研究古代仪器制造提供了很大的方便。水运仪象台有一套机械装置被认为是近代钟表中擒纵器的雏形，而把机械

苏州石刻天文图（局部）

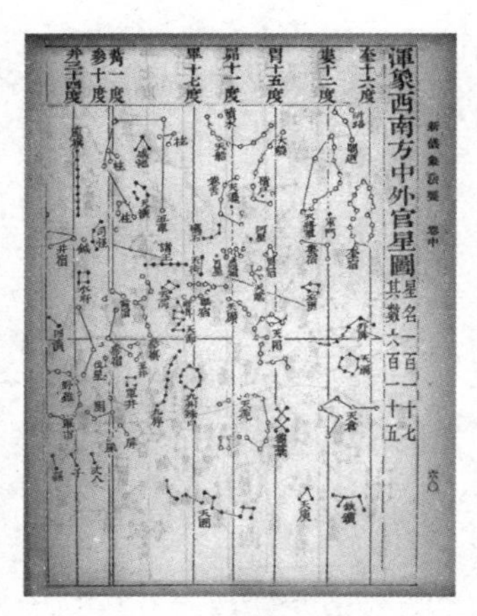

《新仪像法要》中的星图

传动装置结合使之与天球做同步旋转又是近代望远镜转仪钟的始祖；这座仪器上部观测室的屋顶可以摘下，又是近代天文台活动屋顶的先声。苏颂和韩公廉在完成水运仪象台之后，又制作了一架浑天象，其直径大于人的身高，可让人进入内部观看。在球面按各恒星的位置凿有一个个小孔，人在里面看到点点光亮，俨然天上的星辰一般，这又是现代天象仪的先驱。

与苏颂同时代的沈括以《梦溪笔谈》一书，被誉为中国的达•芬奇。1074 年他在制造浑仪时省去了白道环，这是中国浑仪在唐代达到复杂化的高峰后由繁入简的开始，元代郭守敬沿着这一方向继续前进，就有简仪的发明。简仪是对中国传统的赤道式浑仪进行革命性的改革而成的，它的设计和制造水平，在世界上领先 300 多年，直至 1598 年欧洲天文学家 B. 第谷发明的仪器才能与之相比。除简仪外，郭守敬等人还发明了仰仪、景符、正方案等十几种其他仪器，并且利用新的仪器进行了一次空前规模的观测工作：南起北纬 15°、北至北纬 65° 范围内共设立了 27 个观测点（比唐代多一倍）测量其纬度，并在北纬 15° ～ 65° 之间每隔 10° 设立一个观测站，观测其夏至日影长度和当天的昼夜长短。在大量观测和研究的基础上，郭守敬等人于 1280 年制成《授时历》并于次年起实行。《授时历》对一系列天文常数进行了精确的测定，在数学方面应用了三次内插法和类似球面三角学的弧矢割圆术。《授时历》在元朝灭亡之后，被继起的明朝继续使用，只是把名称改为《大统历》，一直用到 1644 年清军入关为止。

简仪模型

[五、中西融合：从明末至鸦片战争]

明末清初欧洲天文学传入，改变了中国传统天文学的面貌。

从明初（1368）开始，中国传统天文学进入了一个低谷，很少创造发明。到了万历年间，伴随着经济史学家所称的资本主义萌芽和思想家所称的实学思潮的兴起，以及历法因年久失修，天象预报屡次出错等因素，人们对天文知识有了新的需求。就在这个时候，欧洲耶稣会士东来，他们了解到中国对于科学技术的追求远大于对宗教的兴趣，而天文学在中国政治文化中具有特殊地位，于是他们决定了"学术传教"的方针。利玛窦在经过八年与中国各界人士广泛接触以后，于1601年1月来到北京，获准朝见万历皇帝，在"贡献方物"的表文中即表示了参与天文历法工作的心愿。此后，来华耶稣会士与中国学者合作编译的天文著作有《浑盖通宪图说》《天问略》《寰有诠》等。

中国学者除参与翻译介绍欧洲天文仪器和宇宙论方面的知识以外，还向耶稣会士们学习欧洲天文学的计算方法，因而徐光启得以用西法预报1610年12月15日和1629年6月21日的两次日食，从而证明西法优于《大统历》，使明朝政府决心改历。1629年秋，由徐光启在北京宣武门内组成百人的历局，聘请具有天文学造诣的神职人员邓玉函、罗雅谷、汤若望参加编译工作。经过五年的努力，成书137卷，名曰《崇祯历书》。《崇祯历书》的实用公式、重要参数和大量天文表都以第谷的天文学体系为基础，并未超出J. 开普勒发现行星运动三定律之前的水平，只有个别地方例外。《崇祯历书》于1634年编成以后，继续受到守旧势力的阻挠，争论不休，经过八次天象预报和实测的比较，至1643年西法终于以"精密"获胜。次年正月，崇祯皇帝下令将西法历书改名《大统历》，颁行天下。然而，不到两个月，李自成攻入北京，

南怀仁为康熙皇帝制作的天体仪

明朝垮台。

1644 年夏，清军入关后，汤若望把《崇祯历书》删改缩编成 103 卷，更名《西洋新法历书》，进呈清政府。清政府任命汤若望为钦天监监正，用西洋新法编算下一年的民用历书，名曰《时宪历》。从此，除了在康熙三年到七年（1664 ~ 1668）因杨光先的控告，汤若望一度被软禁外，直至道光六年（1826）为止，清政府都聘用欧洲传教士主持钦天监。这期间钦天监的主要工作有：南怀仁于 1669 ~ 1673 年主持制造了六架大型第谷式天文仪器，并编写了一部详细的说明书《灵台仪象志》，这些仪器现存北京古观象台。

在清初还有一批民间天文学家，他们严谨治学，无论是西学还是中学，都细心钻研，有所批判发展，在中西天文学的融合上做出了应有的贡献。著名的有薛凤祚、王锡阐和梅文鼎。但是，1543 年 N. 哥白尼《天体运行论》在欧洲出版，标志着近代天文学的诞生，这部书被早期来华的传教士带到中国，书中的主要内容却未向中国学者介绍。中国人真正了解哥白尼学说的伟大意义和近代天文学的面貌还要等到 1859 年，李善兰与伟烈亚力合译《谈天》以后。

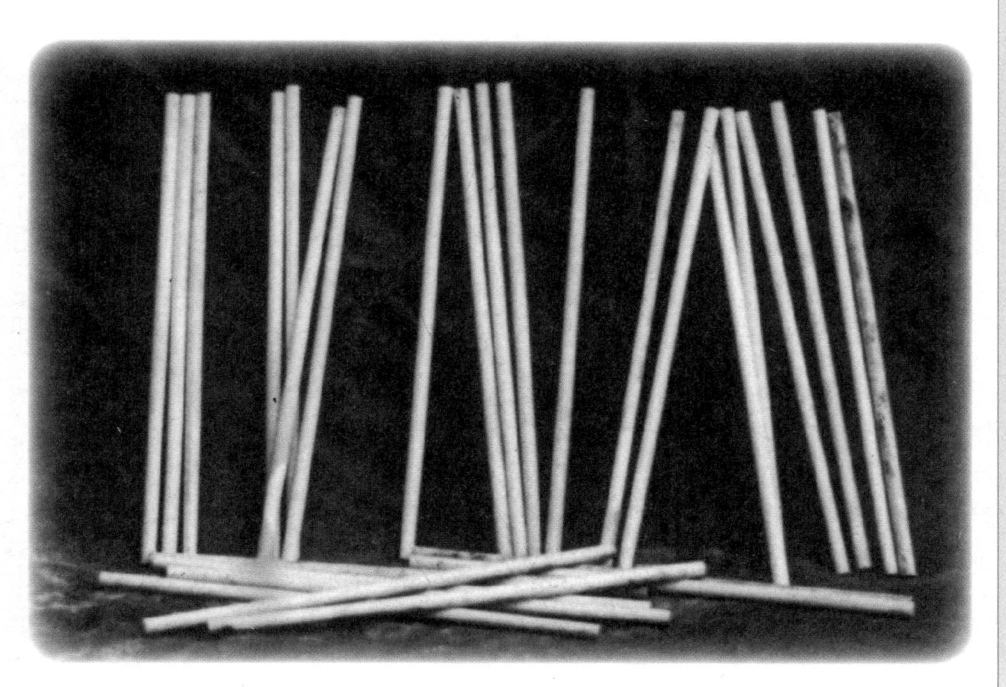

第五章　大哉言数——中国数学史

数学是中国古代最为发达的基础科学学科之一，通常称为算术。

[一、传统数学萌芽：远古至春秋]

中华民族的先民在同自然界的接触中积累了许多数和形的知识，逐步认识了数和形的概念。

新石器时代陶器上有圆形和其他规则的几何图形。当时，人们还创造了画圆的工具“规”、画方和测望的工具“矩”。但规、矩创造于什么时候已不可考。远古时人们用结绳、木片刻痕记数，《周易·系辞》中说“上古结绳而治，后世圣人易之以书契”。新石器时代半坡、二里头等遗址的陶器上已有若干数字符号。相传黄帝的臣子隶首始作算数。夏、商、西周三代的记数符号逐渐规范。安阳出土的公元前 14 ~前 11 世纪的甲骨文数字已采用十进制，并有位值制萌芽。《老子》

说："善数不用筹策。"说明最晚在春秋时代，人们已能熟练使用算筹这种当时世界上最优越的计算工具，应用十进位值制这种最先进的记数法。据《孙子算经》记载，算筹记数采用纵横两式："一纵十横，百立千僵。千十相望，万百相当。"用算筹纵横交错，并用空位表示零，可以表示任何一个自然数，这是完整的十进位值制。不仅如此，借助于位值制，用算筹还可以表示分数、小数、负数、二次和高次方程、线性方程组、多元高次方程组等。算筹和位值制奠定了中国数学长于计算的基础。最迟到春秋时期，人们已谙熟九九乘法表、整数四则运算，并使用了分数及其运算。然而，没有一部这一时代的数学著作流传到后世。

[二、知识框架确立：战国秦汉]

春秋以后到战国时期，生产关系发生极大变革，生产力得到长足进步，思想界百家争鸣，数学也取得更大的进步。经过长期积累，最晚到战国时期形成了"九数"：方田、粟米、差分（后称衰分）、少广、商功、均输、盈不足、方程、旁要（后扩充为勾股）。它们构筑了中国传统数学的基本框架。

陈子（约公元前 5 世纪）提出数学方法（术）具有"言约而用博""问一类而以万事达"的特点。这既是当时存在的数学的总结，也规范了后来中国传统数学著作的特点与风格。《算数书》《周髀算经》和《九章算术》等著作的主要部分应该是战国时期完善或创造的，具有抽象、严谨、普适、简洁的特点。这是当时数学理论贡献的一个方面。理论贡献的另一方面是《墨经》中提出了圆、方、平、直、端（点）、次（相切）等若干数学概念的定义，墨家和名家还有无穷小的概念。然而《墨经》的数学理论研究倾向在中央集权的秦汉时期没有得到发扬。西汉张苍、耿寿昌在荀

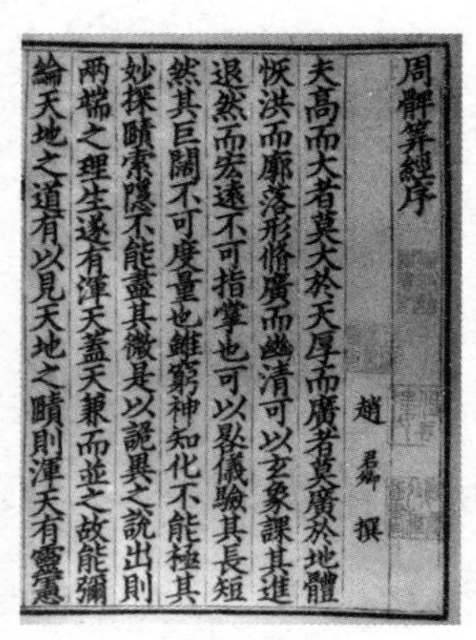
周髀算經序
趙 君卿 撰
夫高而大者莫大於天厚而廣者莫廣於地體
恢洪而廓落形脩廣而幽清可以玄象課其進
退然而宏遠不可指掌也可以晷儀驗其長短
然其巨闊不可度量也雖窮神知化不能極其
妙探賾索隱不能盡其微是以詭異之說出則
兩端之理生遂有渾天蓋天兼而並之故能彌
綸天地之道有以見天地之賾則渾天有靈憲

《周髀算经》书影

派儒学影响下最后编定《九章算术》。其中分数四则运算法则、比例（今有术）与比例分配（衰分术与均输术）算法、盈不足术、若干面积与体积公式、勾股定理与解勾股形方法和测望

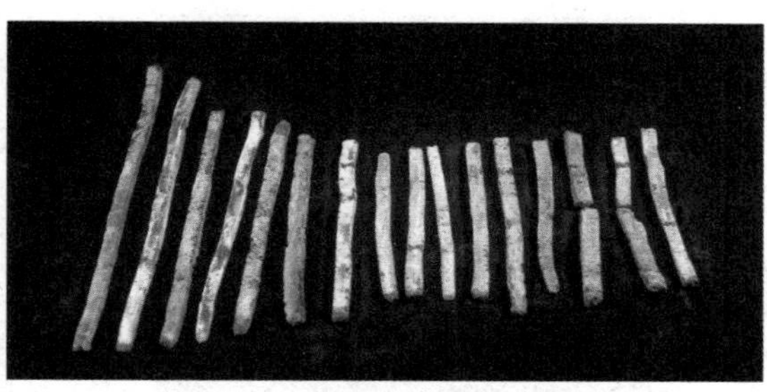

西汉金属算筹

问题、开平方法和开立方法、线性方程组解法、正负数加减法则等内容，在世界数学史上占有极其重要的地位。《九章算术》等著作具有以术文为中心、术文大都是机械化的运算程序、术文统率例题、数学理论密切联系实际等特点，对此后2000余年间中国和东方数学的影响极大。《算数书》《九章算术》的编定，标志着在古希腊之后，中国成为世界数学研究的重心。然而这些著作都没有推理和证明，是其严重缺点。

[三、理论基础奠基：三国至唐初]

以后世所称的《算经十书》为标志，这一时期中国传统数学完成了自身的理论奠基。

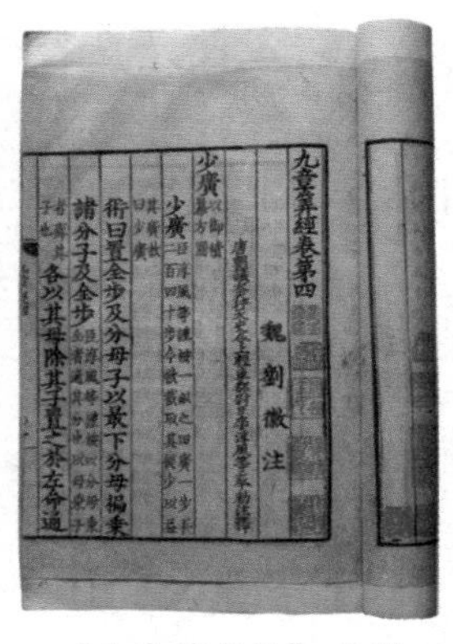

九章算經卷第四

魏 劉徽 注

少廣

少廣

術曰置全步及分母子以最下分母徧乘

諸分子及全步

各以其母除其子置之於左命通

《九章算术注》书影

东汉末年到魏晋时期，儒家在思想界的统治地位被削弱，代之以谈“三玄”为中心、以析理为主要方法的辩难之风。受此影响，赵爽撰《周髀算经注》，以出入相补原理证明了此前的勾股知识；公元263年，魏刘徽撰《九章算术注》，总结、发展了《九章算术》编纂时代就使用的出入相补原理、截面积原理、齐同原理与率的理论，“析理以辞，解体用图”，以演绎逻辑为主要方法全面证明了《九章算术》的公式、算法，

刘徽原理中的鳖臑、阳马、堑堵

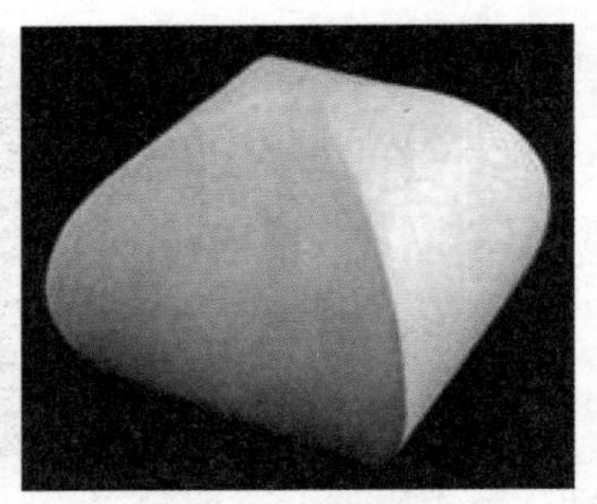
用来计算球体体积的牟合方盖

奠定了中国传统数学的理论基础。他完善了重差术；在数学证明中引入了极限思想和无穷小分割方法，用以证明了《九章算术》的圆面积公式，以及成为其多面体体积理论基础的刘徽原理；还首创了求圆周率的正确方法和若干新方法，纠正了《九章算术》的许多失误。南朝祖冲之所著《缀术》，是一部水平比刘徽的《九章算术注》更高的著作，可惜隋唐算学馆学官“莫能究其深奥，是故废而不理”，遂失传。现在人们只知道他在计算圆周率及与其子祖暅之解决球体积方面的贡献。此外这一时期还编纂了《孙子算经》《张丘建算经》《夏侯阳算经》《五曹算经》等著作，开辟了同余方程解法、百鸡术等新的研究方向，在等差级数、三次方程解法等方面也有新的进展。隋唐国子监设算学馆，唐初李淳风等整理《周髀算经》《九章算术》等十部算经，作为算学馆的教材，是中国传统数学奠基时期的总结，清中叶后称为《算经十书》。

[四、筹算数学高潮：唐中叶至元中叶]

经过盛唐生产力的大发展，唐中叶之后，农业、手工业、商业相当繁荣，思想统治也相对宽松，科学技术的发展进入中世纪的黄金时代。

造纸业与印刷技术的发达，使数学著作的传播更加方便。1084 年，北宋秘书省刊刻了汉唐的九部算经，是世界上首次印刷数学著作。数学迎来了筹算数学的高潮。这个高潮体现在两个方面。一是适应商业交换发展的需要，改进筹算的乘除捷算法，并编成歌诀。赝本《夏侯阳算经》以及唐末、五代、宋初的许多数学著作，南宋《杨辉算法》，元朱世杰《算学启蒙》等做出重大贡献。口念歌诀很快，它赖以产生、成长的算筹无法与之适应，最迟在南宋，珠算盘应运而生，筹算歌诀自然成为珠算口诀。二是在高深的数学领域，如高次方程解法（增乘开方法）、一次同余方程组解法（大衍总数术）、列方程（天元术）和联立高次方程组解法（四元术）、高阶等差级数求和（垛积术）和招差法等方面取得超前其他文化传统几个世纪的重大成就。北宋贾宪撰《黄帝九章算经细草》，进一步抽象《九章算术》的算法，创造贾宪三角和增乘开方法，奠定了宋元数学高潮的基础。南宋秦九韶撰《数书九章》、元李冶撰《测圆海镜》、朱世杰撰《四元玉鉴》等分别是提出这些成就的重要著作。

[五、传统衰落与珠算普及：元中叶至明末]

朱世杰后，元朝未出现高深的数学著作。明朝步入封建社会后期，理学、八股取士和文字狱禁锢思想，扼杀创造。明朝数学水平远低于宋元。

明朝的数学家都看不懂增乘开方法、天元术、四元术等宋元重要成就。这一时期，汉唐宋元数学著作不仅没有新的刻本，反而大都失传。从此，中国数学走向低潮，逐渐落后于世界先进水平，并且差距越来越大。但另一方面，珠算盘的应用却得到普及，并逐步取代算筹成为人们的主要计算工具。明朝出现了许多使用珠算的著作。程大位的《算法统宗》对普及珠算起了巨大作用，其影响远及朝鲜、日本和东南亚。

[六、中西交融与艰难复兴：明末至清末]

明末，利玛窦等传教士将西方数学传入中国。

西方数学的传入到1723年为第一阶段，主要传入几何、代数、三角等初等数学知识。利玛窦与徐光启合译了《几何原本》前6卷，从此开始了中西数学的融会贯通。清初学者研究中西数学有心得而著书传世的很多，其中梅文鼎等人做出了重要贡献。这一阶段集大成的结果是编纂了康熙帝御定的《数理精蕴》53卷。1723年，雍正帝赶走传教士，从此人们一方面致力于消化传入的西方数学并有所创造，另一方面，一批失传已久的汉唐宋元算书被发现。戴震等校勘《九章算术》等汉唐著作，促进了乾嘉时期研究古算的高潮。鸦片战争之后，列强轰开中国的大门，西方数学再一次传入中国。李善兰、华蘅芳等与传教士合译了若干微积分方面的西方数学著作，近代数学开始传入中国。清代从事数学研究的人比以往都多，也很执着，力图复兴中国数学。然而，囿于社会条件等因素，与西方数学的差距还是愈来愈大。20世纪初，中国传统数学中断，中国数学逐步融入统一的世界数学。

李善兰与国子监算学馆学生合影

第六章 格物穷理——中国物理学史

中文“物理”一词初见于汉代《淮南子•览冥训》。但它是指一般事物的道理，与今日物理一词并不等同。明代末起，人们将传入中国的西方 physics 译为格物学或格致学。19 世纪 90 年代后，随着翻译日本教科书，才有中文物理学一词的定名。当然，日文“物理”一词源于中文。传统物理学的起源与发展经历了几千年，在认知自然现象等方面获得了许多成就。

[一、传统物理学时期：从远古至明代后期]

一方面，传统物理学的知识起源于经验和技术。另一方面，古代学者和哲学家对宇宙天体的形成、演变和万物组成曾提出种种看法。在古代，不可分割的“原子”思想比较薄弱，而连续性的物质观念即“元气”说成为中国的传统。在某种意义上，传统物理学的认知模式是与元气说密切相关的。

关于运动和力的知识　先秦时期，简单机械中的杠杆、滑轮、尖劈、斜面、齿轮已得到普遍应用。汉代长安巧工丁缓创制的“被中香炉”，后代称之为“熏球”“灯球”“香球”等，是近代陀螺仪或回转仪的始祖。

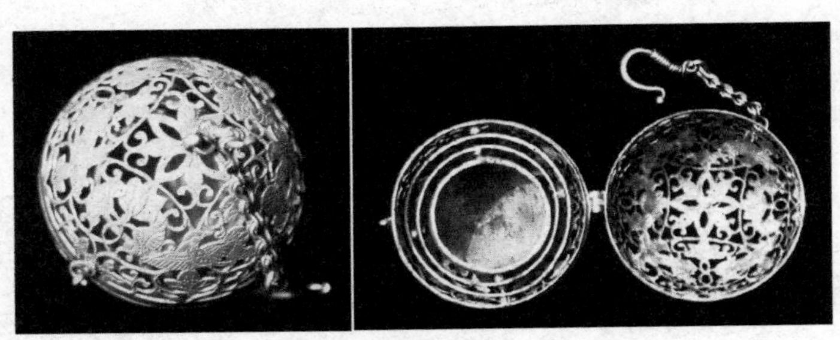

唐代银质被中香炉

《墨经》记述了许多力学知识，如讨论了杠杆、滑轮和斜面的力学原理，对自由落体、平动、转动和滚动做出了正确的定义。它还定义了时间、空间，并将时空与运动相结合进行讨论。在时空问题上，明代方以智提出“宇中有宙，宙中有宇”的观念。

古代人对于力、力和运动的关系有相当的认识。《墨经》将力定义为“刑(形)之所以奋也”。“奋”字的应用已接近加速度的概念。魏晋时期刘徽在注《九章算术》中将近代科学中的加速度称为“益疾里”和“减迟里”。《考工记》描述了滚动摩擦力和惯性力现象。《淮南子·主术训》提出了合力概念，并且对力、重物和滑动摩擦的关系做出了定性描述：“夫举重鼎者，力少而不能胜也，及至其移徙之，不待其多力者。”战国始，人们知道一个力学系统的内力无作用效果的观念。《韩非子·观行》和《论衡·效力篇》都曾言及力大之人“不能自举”“使之自举，不能离地”。汉代成书的《尚书纬·考灵曜》最早表述了力学相对性原理：“地恒动不止，而人不知。譬如人在大舟中，闭牖而坐，舟行而人不觉也。”五代王朴在天文观测中发现行星运动速度变化的实质：“星之行也，近日而疾，远日而迟。”

在流体力学方面，《墨经》最早记述了“沉形之衡”的浮体理论。墨翟以为，如市上以一件甲商品换取五件乙商品一样，浮体沉在水中那一部分换来了整个浮体的平衡。他没有看到，沉在水中的那一部分正是浮体所排开的水的体积。但在实际上，人们充分掌握了浮体理论。

就人们对固体的认识而言，在历代炼丹和本草著作中，记载了大量的玉石及晶体，对每种晶体的形态结构、几何对称、热学与光学性质、识别方法，甚至某些晶体的赝形性都有描写。汉代韩婴《韩诗外传》最早叙述了雪花的六重对称性。

在材料力学知识方面，《墨经》和《列子·汤问》讨论了发绳的应力集中与断裂问题，《墨经》还定义了刚性材料和柔性材料。《考工记》叙述了许多材料问题，尤其描述了皮革形变与其应力的关系。郑玄和唐代贾公彦根据测试弓力的经验积累，在注解《考工记·弓人》中提出了弹性定律。宋代大将杨承信和弓箭制作使魏丕曾以此弹性定律改造弓弩，并提出了测定弓弩刚性的新方法，“令悬弩于架，以重坠其两端”，从而消除了测定其刚性过程中的非线性影响。宋代李诫在《营造法式》中规定横梁的高宽比数为 3 ∶ 2，他大概考虑了材料的刚度和强度两方面因素。

光学知识　中国古代玻璃业不发达，青铜镜的铸造成为中国传统。铜镜产生于齐家文化时期（前 2800 ~ 前 2000）。对日取火的凹面镜即阳燧产生于西周时期。《墨经》集春秋战国光学知识之大成，连续写下了八条文字：①定义影并解释影子形成的道理；②光与影的关系；③光的直进性质，并以小孔照相匣实验证明它；④光反射特性；⑤从物与光源的相对位置确定影子的大小；⑥平面镜成像；⑦凹面镜成像；⑧凸面镜成像。这八条文字，既论影、又论像，大体上奠定了几何光学的基础。

汉代起，人们关注复镜及其成像。淮南王刘安的门客中有人创制了开管式潜望镜。道家与佛家都以复镜成像宣扬其道法、佛法。唐初陆德明在注释《庄子·天下》中指出：“鉴以鉴影，而鉴亦有影。两鉴相鉴，则重影无穷。”汉代人还知道凹面镜的焦距和焦点位置。宋代沈括提出以称为“格术”的几何光学方法来探求凹面镜的成像规律。对于柱面镜成像也有许多记载，《淮南子·齐俗训》说，光滑的杯面成像是椭圆形。刘昼在《刘子·正赏》中指出“镜纵（纵柱镜）则面长，

赵友钦“小罅光景”示意图

镜横（横柱镜）则面广”。

小孔成像受到历代学者的注意。沈括以光的直进性及其过小孔后“本末相格”解释小孔成倒像的原因。元代赵友钦以一间两层楼房和从几十支到上千支烛光而实验小孔成像，他分别在两层安装光源和像屏，在两层楼夹板上开小孔以改变光源的大小和强弱，改变小孔形状与大小，改变光源、小孔与像屏三者之二的距离，得到了关于小孔成像的许多正确结论，并在理论上得到照度的概念。

水晶和水晶透镜在考古工作中屡被发现。至晚从西晋朝起，人们知道用透镜取火。汉代人还掌握了制造冰透镜及其点火方法。汉唐之际，西域商旅或使臣每每贡“火珠”“火齐珠”，也就是专用于对日取火的玻璃凸透镜。值得称道的是，南唐谭峭掌握了四种透镜成像知识。这四种透镜是平凸透镜，双凸透镜、平凹透镜、凹凸透镜。谭峭是中世纪掌握透镜种类及其成像知识最多的人。唐宋人发明了放大镜。刘跂在《暇日记》中言及侦刑人员以水精放大镜辨识那些不清的文牍。

东汉张衡以月、地的影子解释日食、月食。沈括、赵友钦等还以两个或三个小球演示实验说明食的现象。人们在以光反射解释月光成因和月相变化中，唐代段成式指出“月势如丸，其影，日烁其凸处也”。段成式的说法远走在科学发现的前面。

神奇的透光镜创制于战国时期。透光镜实乃不等曲率的平面镜。由于镜面曲率与镜背花纹图案一致，且曲率变化甚微，因而感官觉察不出。这种镜传到日本后被称为“魔镜”。19世纪传到欧洲，引起一些光学家的兴趣。中国人从宋代起就极为关注透光镜的制造及其透光成因的问题。沈括最早提出解释：“铸时薄处先冷，唯背纹

透光镜

上差厚，后冷而铜缩多，文虽在背，而鉴面隐然有迹，所以于光中现。”清代郑复光将沈括提出的镜面“隐然有迹”一语道破为“凹凸之迹”，在世界上最早对透光镜做出了科学解释。他还提醒人们，平板玻璃的制造过程中会出现类似现象。这成为当代精密光学仪器制造家的警世之言。

关于雨虹成因，唐孔颖达知道“日照雨滴则虹生”。唐宋人还做了“背日喷水成虹霓”的人造虹实验。宋程大昌提出，冰珠和雨露的分光现象“是乃日光光品著色于水，而非雨露有此五色”。他或许猜想到阳光本身具有各种色光。宋代杨亿指出：“菩萨石（水晶）日光射之，有五色。”明代方以智总结性地写道：“凡宝石面凸，则光成一条，有数棱则必有一面五色。”

中国古代人认为，眼睛靠火光而见物。他们对色盲、视觉负后现象和颜色学也都有所发现。

声学知识　声学一词见于宋代沈括《梦溪笔谈》。与发声相关的振动一词最早见于《考工记》。波与波动的概念见之于汉代王充《论衡》。《考工记•凫氏》提出，声音是由物体的振动产生的：“厚薄之所振动，清浊之所由生。”唐武则天敕撰《乐书要录》以为，振动的形体与气是声源，“形动气彻”，因而听闻声音。在声音的分类方面，古代人也有许多独到的见解。《礼记•乐记》等典籍将乐音定义为具有“成文”“成章”变化的声音，也即有一定音高规律和节奏的声音。噪声被定义为“扰也”“群呼烦扰耳也”。

古代人知道弦与管的音高与其诸物理因素的关系。在笙一类簧管乐器中，中国人很早就掌握了安装“自由簧”的工艺，在簧上点蜡或锡以控制簧振动。这种方法在18世纪传到欧洲后，引起了欧洲的簧乐器革命。

商代人创制了遵照壳振动原理的编钟。公元前10世纪钟工能在一个钟壳上调制出成三度关系的两个基音。《周礼•春官宗伯•典同》和《考

曾侯乙编钟

工记·凫氏》是世界上最早的两篇有关钟壳形状与声音关系、壳振动知识与设计规范的文献。北宋年间人们创制的喷水鱼洗（或龙洗）是用于表演壳振动及其水面驻波的一种玩具。

董仲舒称发声的共振现象为“自鸣”。战国《庄子·徐无鬼》最早记述琴瑟的共振。此后，有关记载屡见不鲜。晋代张华最早发现消除共振的方法，当他得知朝中铜澡盘（今称为钹）共振，他告知“可错令轻，则韵乖，鸣自止也”。唐代曹绍夔为僧人锉磬治病这一消除共振的故事亦流传至今。

古代人发现了许多声波反射和折射的事例。方以智《物理小识》记述了风速梯度和温度梯度对声传播的影响，他还实验了夹墙孔洞的声反射。

三分损益法是古代人创建的计算音程和音阶的数学方法，该方法包括“先下（乘以 2/3）后上（乘以 4/3）、蕤宾重上”的计算程序。这样计算而得的十二律就全在一个八度内。以起始音“黄钟”弦长为基准，由三分损益法可以算得“仲吕”及其之前十一律。因为 1/3 或 2/3 是除不尽的数，因此，“清黄钟”是直接从“黄钟”弦长的倍半关系中得到的。

明朝王子朱载堉在明万历九年（1581）之前创建了十二等程律。在他获得了开口管的管口校正数同时，也建立了十二等程管律。他还制造了演奏等程律的弦乐器和管乐器。

先秦墨家最早在军中利用混响在地下埋设陶瓮，以监听敌军人马声。唐宋两代军事家将此方法称为“瓮听”“地听”。明代姚广孝在世界上最早用陶瓮建造

天坛圜丘

了隔声房。明初建筑天坛回音壁和圜丘，都利用了声波反射特点。至晚从汉代起，人们知道利用声响捕鱼。明清两代渔民，发明以去节竹筒探听海下鱼群的方法，其功能类似现代声呐。唐代将作大匠杨务廉曾成功地人工合成言语声。他制作木僧乞钱，钱满，“关键忽发，自然作声云‘布施’”。

天坛回音壁

电和磁　最晚到秦汉时期，人们已清楚知道摩擦琥珀和玳瑁的静电感应现象，西晋张华发现用漆梳梳头、脱毛皮或丝绸衣服时的静电闪光和放电声。唐代段成式发现用手抚摩猫的静电闪光。宋代张邦基和郭象分别记述了孔雀毛和鸡羽的静电感应现象。明代张居正和都邛也分别发现貂裘、绮丽之服以及丝绸工人打摩丝绸的静电闪光。而虞翻少年时就知道琥珀“不取腐芥”。

古代中国人并不认为上述摩擦起电是电，而认为雷电是电。《淮南子•墬形训》首先将雷声电光统一在阴阳概念中，指出“阴阳相薄为雷，激扬为电”。最有意义的是，王充提出“雷者，火也”，并以其烧焦皮肤草木，有火气味、火光、爆裂声等方面做出验证。从汉代起，人们不断发现兵器、屋脊鳌口、塔尖的尖端放电现象，在一些特殊的雷电事故中观察到雷电熔化金属而不焦灼漆木器。方以智因此总结道：“雷火所及，金石销熔，而漆器不坏。”这是近代关于导体和绝缘体概念的滥觞。

磁石（磁铁矿，四氧化三铁）的“磁”，先秦写作“慈”，意指其吸铁“如母之招子”。磁石吸铁现象早被人们所发现。唐宋年间，人们又将出产天然磁石的地方称为“慈山”“慈州”。历代本草著作还以磁石吸铁数量的多少作为判别其优劣的标准。人们总是将磁与电现象并列，指出“磁石吸铁，玳瑁取芥”，它们所以有吸引性是因为它们的“气”会相互潜通的结果。

司南是中国人创造的最早的磁性指向器。指南针问世于唐代晚期。指南针的

指南龟

指南车模型

发明是堪舆家的功劳。北宋初杨维德在庆历元年（1041）完稿的《茔原总录》中已述及指南针和磁偏角。沈括在《梦溪笔谈》中描写了堪舆方家以磁感应造指南针并发现地磁偏角："方家以磁石磨针锋，则能指南，然常微偏东，不全南也。"沈括还记述了指南针的极性及其四种安装方法：水浮、缕悬，或分别置于指甲、碗唇。此后，有关记载屡见不鲜。指南针问世不久，罗盘随之诞生。在江西临川县曾发掘出安葬于庆元四年（1198）的宋墓中两个"张仙人瓷俑"，其右手持一旱罗盘。从9世纪到12世纪，旱罗盘、水罗盘或指南针已被堪舆占卜家普遍用于相墓、看风水。指南针或罗盘用于航海导向，较早记载见于11世纪晚期至12世纪初朱彧的《萍洲可谈》，该书成稿于北宋宣和元年（1119）。其后，航海都用罗盘导航。没有罗盘，就不会有元朝的大规模海上运输，也不会有明初郑和七次下西洋的大型船队。罗盘随船出航，向世界传播的速度犹如航速一样快。

除了以磁感应造指南针外，曾公亮在《武经总要》中记述了钢片淬火中利用地磁场和地磁倾角而造指南鱼。南宋陈元靓在《事林广记》中记述了以磁棒安装于鱼形或龟形木片内而造成指南鱼、指南龟。

热的知识　远古人知道钻木取火，敲击取火。前者所用工具称为钻燧、木燧；后者称为钢镰、火石镰。尤有意义的是，景颇族的祖先发明了一种特殊的点火器：以牛角作套筒，木制推杆，杆前端粘附艾绒。取火时，一手握套筒，一手猛推杆入筒，并随即将杆拔出，艾绒即燃。口吹艾绒，立见火苗。19世纪之前，任何一个民族都不可能在理论上知道热力学的绝热压缩过程。而在实践中，景颇族却发明了符合绝热压缩过程的取火器。该取火器在18世纪通过东南亚传到欧洲，欧洲称其为活塞式点火器。

先秦人曾将热看作是一种物质，他们将火纳入五行元素之中。但是，不少人主张热或火都是一种运动的结果。《庄子•外物》说："木与木相摩则燃。"谭峭《化书》说："动静相摩所以化火也。"直到清代郑光祖还强调："火因动而生，得木而燃。"

大约从公元前 300 年始，热胀冷缩原理被人们用于开凿河道、粉碎巨石。汉代以降，人们常常在工艺制作中，根据热胀冷缩而将不同大小的物体套接在一起。

水表现为雨、露、霜、雪、冰等物态的变化及其与气温高低的定性关系早为先秦人所知晓，例如《荀子•劝学篇》说："冰，水为之，而寒于水。"炼丹家知道汞的物态及其与温度的定性关系。汉代人还观察到，霜露不从天降，而是水汽从地升遇气温变化的结果。

[二、西学传入与传统终结：从明代后期至清末]

西方物理学知识开始传入中国是以耶稣会士利玛窦于明万历十年（1582）入华为标志，到清雍正五年（1727）雍正帝颁布驱逐教士令，此期间为西方物理学传入中国的第一个高潮时期。

这个时期传入中国的科学知识主要是古希腊和罗马的科学体系，包括被神化了的托勒玫体系、阿基米德力学、欧几里得几何学、四元素说，以及钟表、单摆、三棱镜和望远镜。这些知识虽然很零散，但是包括逻辑推演和作图等与中国传统有别的科学方法，使中国学者产生了极大兴趣。中国学者吸收其中的知识，并与中国传统相结合，使传统物理学在闭关锁国至鸦片战争之间有了较大发展。

1840 年鸦片战争之后直到清王朝灭亡（1911），是西方科学在中国传播的第二个高潮时期，也是近代物理学真正在中国传播的时期。此时来华传教士主要是基督教新教派，其科学素养高于前一时期的耶稣会士。他们在中国译述西方科学著作，创立教会学校，编译教科书，办报办刊，创立出版印刷机构，乃至成立学会，这些都有利于近代科学和物理学在中国的传播。李善兰分别和英国教士伟烈亚力、艾约瑟合译天文学著作《谈天》、力学著作《重学》以及数学著作《代微积拾级》，为经典物理学及其数学方法在中国的传播打下了基础。译完此三书后，李善兰还翻译了牛顿的《自然哲学的数学原理》之第一编共 14 章。李善兰在《谈天•序》中向世人宣告：日心地动、椭圆轨道和万有引力之理“定论如山，不可移矣”，声称自己“主地动及椭圆之说”。这是以李善兰为代表的一批先进学者接受新科学宇宙观的宣言书，也是中国人在学习经典物理中从传统走向新科学的历史界标，以经验描述为主的传统物理学终于走到了尽头。

19 世纪 60 ~ 90 年代兴起洋务运动。中国人在第一次接触机器生产的同时亦开办了一些新式学校，讲授力、声、光、电等科学知识和方法，推进了此时期西方科学知识在中国的传播和发展。戊戌变法之后，随着新式学校的建立、新教育体制的逐步推广，物理学成为学校教育的必修课，为下一时期近代物理学在中国诞生打下了一定的基础。可以说，这个时期是中国近代物理学的启蒙时期。

第七章　炉火纯青——中国化学史

[一、古代工艺化学]

人类观察、利用和研究化学变化是从化学工艺开始的。

陶瓷化学　大约170万年前，中国各地区的先民通过击石取火、钻木取火得到火种，慢慢学会了用火，并逐步了解了火的习性。他们偶然发现火可使黏土发生烧结使之成为坚硬的陶块，这导致了制陶工艺的诞生。大约距今1万年前的时候，他们摸索到烧陶的技术，制作出原始陶器。这是用化学手段制造出来的第一类自然界不存在的物质，为人们提供了新的生活用具和建筑材料；也为冶炼熔铸金属和酿造工艺的出现创造了条件。在制陶过程中人们学会了淘泥澄滤、制坯成型；创造了横式与竖式的陶窑；探索到提高炉温和调节炉内气氛的手段，并开始采集、运用天然矿物颜料。先进的制陶工艺导致了中国在汉代时期发明了独特的以瓷

龙山文化黑陶瓶

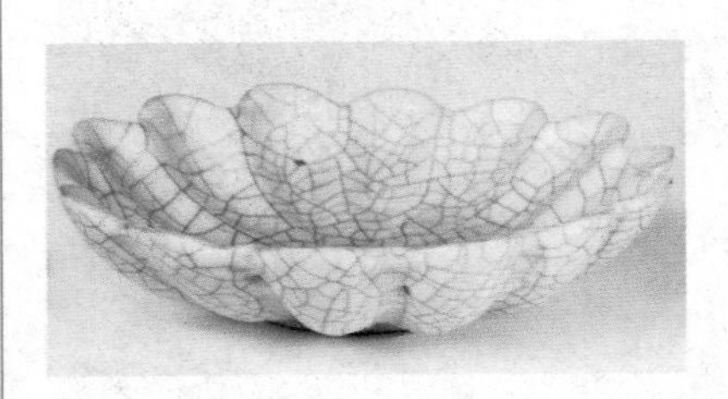
宋哥窑开片菊瓣盘

土烧造、附着石灰釉的真正瓷器。中国瓷艺发展很快，历朝各代都是名窑林立，瓷艺与花样品种不断推新，唐代、宋代不仅有了多种色釉瓷，还有兔毫油滴釉、窑变形成的绚丽彩釉、葱翠如梅子的青釉、貌似冰裂纹的“开片”瓷釉，更成为瓷艺中的绝技。元代、明代又推出了釉上、釉下的彩绘瓷。到清代雍正、乾隆时期，璀璨的五彩瓷、粉彩瓷、珐琅彩瓷的发明把中国古代瓷艺推到了顶峰。在外国人心目中精美的瓷器竟成了中华文明的象征。在制瓷过程中瓷土与釉料的筛选，温润纯净色釉的形成，矿物颜料的精选、加工、制造及釉料、颜料在各种窑火气氛中的呈色作用客观上都使古代工匠大大加深了对化学变化神奇作用的认识。制瓷技艺发展的同时，中国制陶技艺并未停滞，仍在推陈出新。南北朝时掌握了烧制彩色琉璃建筑材料的技术，在此基础上唐代出现了低温铅釉的“唐三彩”，它以孔雀石粉、赤铁矿粉、含钴软锰矿粉为呈色剂，造就了以白绿黄三色为主，互相交织浸润的别致的多彩色釉，且塑艺高超、造型丰富，行销海内外，至今盛名不衰。

唐三彩卧驼骑俑

清珐琅彩锦地双耳瓶

冶金化学　继制陶工艺之后，冶金化学工艺出现。中国大约在距今4500多年前开始冶炼红铜和锡青铜，用的是把绿色孔雀石或孔雀石与锡矿石混上木炭一起在陶质器皿中加热烧炼的方法。到了殷商时代青铜冶炼已达到鼎盛时期，此时已经冶炼出了金属铅和锡，可以用三种金属按一定比例熔合炼制青铜。这些青铜器造型端庄、纹饰精美，其中后母戊鼎是其代表作。人们为冶炼金属而制造了竖炉，利用了耐火材料，发明了鼓风用的“皮橐”。及至战国时期，青铜器已大量生产，从过去以生产礼器为主过渡到大量制造兵器、货币和一些农具。人们已初步了解到青铜中铜、锡的比例与青铜器性能之间的某些关系，所以《考工记》中有了“六齐规则”的记载。

后母戊鼎

中国先民用铁是从陨铁开始的。到春秋时期才掌握了从赤铁矿冶炼金属铁的工艺。冶铁技术发明时间虽较晚，但因已经有了炼铜的丰富经验、高大的冶炼炉与先进的鼓风设备，所以冶铁技术进步很快。战国时期人们已经冶炼出了块炼铁和生铁，并很快摸索到它们的不同特性和合适用途。块炼铁冶炼温度低，夹杂物多，但含碳量低，接近熟铁，熔点高，质地柔软而坚韧，所以适于锻造器物，多用于制造兵器。生铁熔点高，含硫、磷杂质多，质地硬脆但耐磨，所以适于铸造器物，多用于制造农具和车具。中国也较早地掌握了多种炼钢技术，在中古时曾处于世界前列。

酿酒　中国先民大概在远古时就已从发霉、发酵的野果和谷物中品尝到酒香和酒味。在有了陶质器皿后，约在距今4000多年前开始有意识地通过粮食的自然变霉、发酵制作酒浆，以供祭祀和饮用。西周时已有了系统的经验。及至汉代，酒工已从利用麦蘖糖化、发酵发展到培养、制作多种优良的酿酒曲种。北魏贾思勰所著《齐民要术》曾详细总结了当时北方的12种造酒用曲的制作方法。宋代酵酒技艺又有了重大突破：有了优良菌种的延续和推广的经验；朱翼中所著《北山酒经》更系统地记载了南方的各种造曲法；发明了在高温菌红

二里头文化陶制酒器禾皿

米霉作用下生成的红曲；发明了酒蒸馏器和蒸馏技术，取得了味极浓烈的烧酒。其他的醇造工艺，如制醋、造酱、制酪等也已成熟。总之，在生物化学的早期利用上，中国也曾有过重大贡献。

洗染 在中国古代的洗染行业中也不乏化学方法的利用。例如：①靛蓝的制取是利用碱性石灰水、酶的作用和氧化作用从蓝草中将蓝苷浸取、沉淀而制成的；染蓝过程又利用发酵作用将其先还原为可溶性的靛白。②在提取红花中的红色素时利用了碱水（石灰水、草灰水）浸取、酸水（醋、乌梅水）沉淀的交替处理，来分离红花中的黄、红两种色素。③利用绿矾与五倍子壳、橡栗壳中的单宁质相反应，制成黑色媒染染料。④以茜草、紫草进行染红，利用了明矾的媒染作用，而且颜色更深艳。与染色相关的还有丝麻及织物的漂洗。除了最早利用的藜灰（冬灰）外，魏晋时已利用皂荚粉作洗涤剂。唐代又将皂荚粉与米粉、香料混合制成"澡豆"。魏晋时还发明了用猪胰、面粉与皂荚粉混合制成的猪胰澡豆。唐代时它发展成为由面粉、豆粉与众多中草药白芷、白术等与猪胰合捣成的合膏。及至元代便正式成为猪胰与碱合炼成的中国传统"胰子"（肥皂）了，它所含的多种消化酶，可分解脂肪、蛋白质造成的污渍。

炼丹术 古代炼丹术可视为化学的原始形式。中国炼丹术自汉初肇兴到清代基本消亡。那些虔诚的方士以制造令人长生不死的金丹神药为主旨。这种虚妄的梦想虽以破灭告终，但他们曾涉水攀山，寻访百药；登临深山高岭修坛建炉，在烟尘毒气中奋斗了1800余年，虽于长生羽化劳而无功，但却丰富了中国的医药宝库。他们切实地操作了原始的化学实验，观察了众多的化学现象，合成了一系列重要而纯净的无机制剂，如灵砂（硫汞还丹，硫化汞）、朱粉（氧化汞）、铅丹（四氧化三铅）、玄黄（氧化汞－

中国古代炼丹图

氧化铅）、砒霜（三氧化二砷）、雄黄与雌黄（四硫化四砷与三硫化二砷）、各种矾等；并不断改进升炼水银的方法。这些制剂在宋代广泛被本草学家临床试验，至明代，很多成为疡科圣药的主要成分。丹炉升炼丹药的化学方法也被继承下来。方士们也曾试炼人工金银，在失败中却创造了雄黄金（砷黄铜）、丹阳银（砷白铜）、铜（锌黄铜）、白锡银（锡汞合金）等重要合银，并最早试验了胆水炼铜，为古代冶金学做出了贡献。至唐代，他们更从合炼硝黄的爆燃事故中总结了教训，并进而导致了黑火药的发明，成为中国古代四大发明之一。

中国长期处于中央集权与皇权专制交替统治下，生产力发展缓慢，社会停滞不前，文化也相当封闭，知识分子普遍尊儒读经，追求科举仕途，轻视杂技百艺。即使到了19世纪，也没有从自身内部发生欧洲近世的那种社会大变革；中国古代的宇宙观和思辨方法又缺乏希腊自然哲学的科学传统，所以中国古代创造了那么多的先进化学工艺，接触过了那么丰富的化学变化，却从来没有把它当成一项专门的学问来进行严肃的、合乎逻辑的理论探讨。

[二、近代化学的传入]

19世纪40年代，帝国主义列强用坚船利炮轰开了中华帝国的门户。有识之士感到中国再也不能闭关锁国，墨守祖法。清廷中的一部分上层人物发动了一场旨在求强求富的“自强运动”，核心就是学习西方的先进科学技术。

一方面，“自强运动”推动一批军工和工矿企业次第兴建，需要大量懂得近代科技的人才。另一方面，西方基督教的布道事业也正处于高涨时期，众多新教布道组织纷纷趁中国开放门户之机，向中国内地渗透。他们多主张在布道的同时尝试办学、行医、办报或翻译学术著作来宣传近代科学技术，使中国百姓更多地了解西方文明。这种想法正与洋务派人士的愿望不谋而合。近代化学的传入就是从化学著作的翻译与近代化学教育的兴办开始的。初时，开展这两项活动的中心，

徐寿

一个是上海江南制造局，另一个是京师同文馆。

1865年清政府筹办上海江南制造局。该局于1867年开始筹划翻译西方科学技术书籍。次年正式成立翻译馆，由华人徐寿、华蘅芳、徐建寅等与外国传教士伟烈亚力、玛高温、傅兰雅等合作，以口述和笔述相结合的特殊方法翻译出版西方的科技著作。1868 ~ 1880年间他们先后翻译出的与化学相关的书籍有《金石识别》（矿物学手册）、《化学鉴原》（无机化学）、《化学鉴原续编》（有机化学）、《化学分原》（分析化学）、《化学考质》（定性分析）、《化学求数》（定量分析）、《物体遇热改易记》（物理化学）等，比较系统地介绍了近代化学的知识体系。傅兰雅还编辑出版了一份中文科技刊物《格致汇编》，它是中国最早的一种近代科技刊物，创刊于1876年，1892年停刊，涉及化学的内容极多。上述化学译本的原著学术水平参差不齐，有的是科普性的，相当于中等学校的教材，内容也稍嫌陈旧；有的则是刚刚出版的当代名家的权威性专著。

1862年清政府总理各国事务衙门兴办了京师同文馆。它是一所新式学堂，初时是为了培养翻译。1867年洋务派领袖恭亲王奕䜣力主把它从一所单纯的外语学校改造为综合性的科学学校。1871年成立了化学班，化学教习M.A.毕利干（法）开设化学课程，这是中国近代化学教育的开端。同文馆的化学教育是开创性的，有一定的示范作用。但因教学质量不高，没有培养出多少化学专门人才。

19世纪末，甲午战争和戊戌变法的影响，使清政府中的顽固守旧派被迫同意施行新政。1904年1月正式颁布的《奏定学堂章程》确立了西方教育制度，科学教育真正纳入中国教育体制。从此化学教育不再是少数热心者的爱好，而成为国家的事业。

第八章　博物通达——中国生物学史

[一、知识萌芽与积累：先秦时期]

中国幅员辽阔，蕴藏着丰富的动、植物资源。从远古起，中华民族就劳动、繁衍、生息在这块大地上，采集和渔猎野生动植物。但哪些动植物是可食的？又有哪些部位可食、哪些部位不可食？那些可食的动植物生长在什么地方、怎样得到？回答这些问题便涉及生物的形态、生态及理化特性等知识。

在新石器时代，先民已经能够将自然界一些可供食用的动、植物加以驯化、培育，使之成为符合需求的驯养动物和栽培植物。栽培植物和家养动物的出现，进一步加深了人们对动、植物形态和生态的认识。中国许多新石器时代的遗址中，出土了不少绘有鱼、鸟、蛙、鹿、蜥蜴及植物花叶等图像的陶器。这显然是当时的人对自然界中动、植物形态的描绘。有些图像则反映了当时的人对动、植物生态习性的认识。河南临汝阎村出土的距今有5000年的一块彩陶片上，绘制着一幅鹳衔鱼的图像。鹳是大型涉禽，嘴长而直，翼长大而尾圆短，主食鱼、蛙、蛇

北京猿人生活情景

及甲类动物。这幅鹳鱼图清楚地反映了古代人对鹳的形态及习性的认识。可见，中国传统生物学早在原始社会时期即已滥觞。

夏、商及西周时代，人们在开发利用生物资源的同时也增长了有关动、植物本身结构及其与周围环境关系的知识。《夏小正》作为一部古老的文献，记载了许多有关人类活动与天象、气象、动物、植物周期性变化关系的认识。从某种意义上说，《夏小正》是中国最古老的一部物候历。其中提到的物候生物，包括草、木、虫、鱼、鸟、兽有几十种。涉及动、植物的生长发育和繁殖季节、鸟类定期的迁徙、鱼类的洄游、动物的冬眠及动物周期性的生理变化等多方面的生态知识。

作为象形文字的甲骨文，有许多字不仅表示着某种植物名称，而且表现了三四千年前人类对动、植物形态和分类的认识。如禾字在甲骨文中就像成熟下垂的禾穗，甲骨文中有四种象形的鹿类动物名称（鹿、麝、麋、麞），虽然形象各异，但它们都有一个共同的象形的“鹿”旁作为各种鹿类动物名称的基本形式。这实际有将动物归类的含义。

中国第一部诗歌总集《诗经》包括了西周至春秋中叶间的诗歌。其中提到的动物有109种，植物143种。这些动、植物绝大部分产于黄河流域。《诗经》中虽没有植物系统分类方面的记述，但已经有了作物品种的概念。如“秬”和“秠”是指黍的两个品种，而“穈”和“芑”则为“稷”的两个品种。《诗经》中还出现了“灌木”“乔木”等词。这两个术语至今还在沿用。

仰韶文化鹳鱼石斧彩陶瓮

春秋战国时期中国南北往来频繁，地理视野也随之开阔。这就使得人们有可能描述和记载各地生物资源的分布。《禹贡》把中国广大地域区划为冀、兖、青、徐、扬、荆、豫、梁、雍等九州，并描述了九州不同的动、植物农业资源的分布。其中有关土壤和植物分布关系的描述特别引人注意。古代文献《山海经•山经》详细描述了中国各地动、植物资源分布的情况。《管子•地员》是古代一篇杰出的植物生态学论著。它阐述了土壤与植被的关系，把全国的土壤分为上、中、下三等，每等分为六个土类，每个土类又分为六个土种，共90种土。记述了每种土所适宜生长的植物。还总结了地下水位的高低与植物分布的关系以及植物在山地的垂直分布和在水边的带状分布状况。实际上就是现代植物生态学上所说的生态分布序列法则。

在论述动、植物与周围地理环境关系的同时，人们也注意到了动物与动物之间的关系。《庄子》中所描述的"螳螂捕蝉，黄雀在后"的故事说明，人捕鸟、鸟吃螳螂、螳螂吃蝉，动物之间存在着复杂的关系。这实际上是一条包括人类在内的食物链。在食物链中，生物是相互为利的，不同种类生物之间的斗争是必然的、不可避免的。在此后的漫长岁月中，人们观察并大量记录了动物之间存在的种种复杂关系。

中华民族的祖先，在开发利用生物资源方面曾经取得巨大的成功。但对生物资源的开发利用，并不都是合情合理的。2000多年前，中国学者对滥捕、滥伐所造成的严重后果即已表示了极大的关注。《荀子•劝学篇》指出，只有草木畴生，才会鸟兽成群。只有各方面处理得当，万物才能"皆得其宜"。《管子》甚至认为管理不好山林的人，是没有资格当国君的。可见当时人们保护环境、维护生态平衡的意识，已经相当强烈。

这个时期，对动、植物的分类研究取得了奠基性的成果。《尔雅》中的《释草》《释木》《释虫》《释鱼》《释鸟》《释兽》等篇可视为中国最古老的动、植物著作。它首次完全根据动、植物形态结构来区分动、植物的种类。它给鸟类和兽类所下的定义是："二足而羽谓之禽；四足而毛谓之兽。"这两个定义具有高度的概括性和准确性。《尔雅》著录的动、植物近600种，分植物为草、木两大类，分动物为虫、鱼、鸟、兽四大类。在大类之下又有细加分类的尝试，如在兽类之下又有寓属、鼠属、齸属、须属等，反映了类下再分类的思想。

[二、描述性知识体系奠定：秦汉至南北朝时期]

古代人在认识和利用动、植物的同时，也对人自身的形态构造和机能进行了探索。

《黄帝内经》包含有丰富的人体解剖构造和生理知识。2000多年前人们已经进行了人体解剖研究，并取得了对人体各部位和内脏形态结构的初步系统知识。《灵枢》中所创用的"解剖"以及其他解剖学名词，如反映内脏解剖的胃、贲门、幽门等都被现代解剖学吸收和沿用。在生理学方面，《黄帝内经》用阴阳学说阐述人体各种生理现象，认为人体构造和生理功能是相互依存、相互制约和相互转化的；一切生理功能的发挥，是一个"气化"的过程；拥有不同形态、功能的血管（经脉）是担负运输营养物质的，这些营养物质（气血）在血管中循环运动。《黄帝内经》还认为，外界环境的阴阳变化也会影响人体内部的阴阳变化。

秦汉至南北朝时期，由于医药的发展和农牧业的需要，大大推动了对动、植物资源的调查和分类总结的研究。《神农本草经》收载药物365种，其中动物药67种、植物或植物性药252种。南朝刘宋时医药学家陶弘景在《神农本草经》基础上编写了《本草经集注》一书，载药730种。前者着重于药材的药用价值的描述，后者则注意到药用动、植物的形态特征和产地的描述。此外，《集注》还将药用动、植物分为草、木、虫、兽和果、菜、粮食等几大类。

对《诗经》和《尔雅》中所著录的动、植物的研究，此时也取得初具规模的成果。孔子说过，诗可以"多识于鸟兽草木之名"。三国陆玑根据自己实地调查和观察专门对《诗经》中提到的170多种动、植物名称进行解说，著有《毛诗草木鸟兽虫鱼疏》一书，记述了它们的名称、形态、生活环境、产地和用途，并首次描述了丹顶鹤、鼍（扬子鳄）等珍贵鸟兽的形态特征。

对《尔雅》中提到的动、植物进行研究的人很多，但以晋郭璞的《尔雅注》最为重要。他不仅引经据典解释各种动、植物通名和别名，而且根据自己从实际中获得的知识，对各种动、植物的形态、生态特点进行了具体的描述。郭璞还开创了动、植物描述的图示法，著有《尔雅音图》10 卷，惜已失传。现所能见到的题为郭璞撰《尔雅音图》是 1801 年影宋代绘重摹刊行的，绘有动、植物图 554 幅。《尔雅注》是中国动、植物分类研究史上的一个重要发展。后来，对《尔雅》所载动、植物名实的考证研究，成为中国传统生物学的一个组成部分。

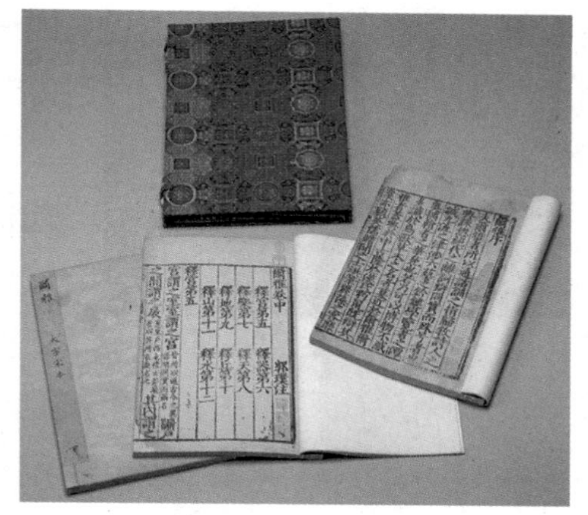

郭璞《尔雅注》书影

这个时期，对地方动、植物资源的研究亦取得了重要成就，出现了许多地理志书，如东汉杨孚的《南裔异物志》、三国谯周的《巴蜀异物志》、万震的《南州异物志》和沈莹的《临海水土异物志》等著作。此外，北魏贾思勰的《齐民要术》中也包含有丰富的农业生物学知识，如有关食品发酵的记述，就反映了中国魏晋以前历代认识和利用微生物活动所取得的重大成就。

[三、古代生物学繁荣发展：隋唐宋元时期]

这一时期，传统生物学获得空前的发展。

首先是药用动、植物的研究得到较大的发展。7 世纪由苏敬组织编写的《新修本草》不仅吸收了以往本草著作中的丰富经验和知识，还参考了《博物学》《尔雅》《吕氏春秋》等著作。全书 54 卷，共载药 850 种，其中有 114 种是新增加

石榴

的药用动植物，如豆蔻、丁香、胡椒、石榴等，都是由国外新入境的药用植物。

绘图在动、植物形态分类研究中的作用越来越受到重视。自唐以来，《图经》和《本草》相辅而行。唐朝的《图经》惜已亡佚。宋代则有苏颂主编的《本草图经》。所谓图经就是根据药用动、植物的实际形态绘制成图，并附以简要文字说明。全书21卷，载药780种，其中新增63种。附图933幅，图多为写实，形象逼真。许多图可据以鉴定动、植物到科属，甚至于种。此书对各种动、植物的描述也较细致，一般都按植物的苗、茎、叶、花、果和根的顺序描述。特别是对植物的繁殖器如花、萼、子房、果实种子等，描述比前人精细。

《本草图经》的内容大部分为宋代的《证类本草》所吸收。《证类本草》记述的动、植物有1748种，基本上有图有说明，除说明药用价值外，着重阐述每种动物或植物的别名、产地、生活环境、形态、生长习性等，是中国历史上一部比较重要的典型的药用动、植物志。

在自然界中，种类繁多的昆虫与人类生活有极密切的关系。河姆渡出土的距今6000多年以前的陶片上就绘有昆虫纹饰。《诗经》提到昆虫40多次，涉及昆虫20多种。大约在六七千年前，就已经开始养蚕丝织。在中国历史上先后被开发利用的昆虫资源还有蜂、白蜡虫、紫胶虫、五倍子蚜以及其他许多药用和食用昆虫。秦观《蚕书》是中国现存最早的养蚕专著，它反映了中国古代对家蚕生活习性的了解和养蚕技术的熟练。

这个时期人体解剖研究亦取得新成果。《新唐书》和《旧唐书》都著录有《五脏图》和《五脏识》，惜都未留传。现在能见到的最早的人体解剖图，是五代烟萝子所绘的《内境图》。《内境图》绘有人体解剖的不同侧面图。在左侧和右侧图上，所绘脊柱为24节（不包括骶椎），这与实际解剖是相符的。在正面图上，绘有食管和气管两个气孔。有肺四叶，心在肺叶下，胃在心下，贲门在胃左，幽门在胃左下，肝在右上。下腹部绘小肠、大肠、魄门（肛门）、膀胱等。《内境图》对后世解剖有直接影响。

[四、古代生物学巅峰：明清时期]

明清时期，对于食用和药用动、植物的研究，将中国传统的生物分类学研究推向最高峰。

明清时期，中国经常发生饥荒，因此有许多人致力于寻求食用动、植物的活动。明太祖朱元璋的第五子朱橚便是其中的一个。他组织人广泛调查河南各地植物，并将 400 多种植物苗种于自己的园圃内。为了证明一些植物的食用价值，他甚至进行一些消除毒性的实验研究。《救荒本草》就是朱橚在调查实验和总结前人经验的基础上编写的。全书两卷，共记载植物 414 种，其中有 276 种是不见于已往本草记载的新著录植物，尤其对各种植物的形态和食用制备方法有较好的描述。在插图方面，与此前的本草书相比，《救荒本草》充分做到了“图以肖其形”；在形态特征的描述方面，突出了对花果形态特征差异的描述。《救荒本草》于 17 世纪末东传日本，并被多次翻刻，产生了很大影响。

《本草纲目》是明代杰出医药学家李时珍的著作。共著录药物 1892 种，其中植物药 1094 种、动物药 443 种，几乎包括了动、植物所有门类。在分类学方面，改进了传统的分类方法，将植物分为草部、谷部、菜部、果部、木部五部；将动物分为虫部、鳞部、介部、禽部、兽部、人部六部。部下再分类，每类下记述若干种植物或动物。李时珍对“类”下所记述的植物的排列顺序是有讲究的。他将一些从宏观上具有明

李时珍编写《本草纲目》

显共同特征的自然类群会集在一起。李时珍吸收了朱橚在《救荒本草》中所采用的先进的植物描述方法，不仅观察植物营养器官上的明显特征，而且细致地观察了植物的花、果等生殖器官的特征，对某些植物类群既了解到其宏观共性，也认识到其细微差别。所以能将一些营养器官形状差别很大的植物排列在一起，这种分类方法与自然分类更加接近。李时珍完全打破了“三品”分类的局限，以形态、生活环境、性味、用途等为依据，类聚群分，以纲统目，以目统种，将1500多种动、植物，纳入在一个井然有序的分类系统中。达尔文在研究物种起源和发展时，就从《本草纲目》中汲取了丰富的资料。

《本草纲目》出现以前，历代本草一直以医药为目标。而《本草纲目》问世后的有关著作，则不再局限于本草实用价值的研究，同时有将动、植物分开考察的趋势。清代吴其濬《植物名实图考》就是很好的例子。全书38卷，记载植物1714种，比《本草纲目》所载植物多出500多种。所收录的植物涉及全国19个省。着重于实物的观察，把“身治目验”与文献考证相结合，力求名与实相一致。每种植物都配有根据实物绘制的植物图。有的图精确程度可资鉴定科和目，有的甚至可到种。《图考》开始摆脱单纯实用性而向着纯粹植物学著作过渡，很接近现代的植物志。现代许多植物学家，常常借助它来确定某些植物中文名称和了解其用途。

明清时期传统生物学发展的另一个重要方面是农学著作。从明代开始，本草学中有关动植物形态、生态用途等方面的描述也逐渐被农书所吸收和采用。这在《农政全书》和《群芳谱》《天工开物》等著作中表现得很突出。《农政全书》是明代科学家徐光启的著作。全书60卷，从卷二十五至卷四十，记载各种经济植物153种，卷四十一为“牧养”，论述了12种家养动物的饲养管理。书中还收录《救荒本草》所载植物403种，并有《除蝗疏》一篇，对根治蝗灾提出了很有见地的主张。

这个时期，在生物变异选择方面积累了许多经验知识。中国是金鱼的故乡。金鱼的祖先是金鲫。到南宋，已从金鲫鱼的颜色变异中选育出了白色和花斑两个

红狮子头金鱼

新品种。明代张谦德在《硃砂鱼谱》（1596）中介绍经验说，养金鱼就像国家用人一样，“蓄类贵广，而选择贵精”。清代句曲山农在《金鱼图谱》中认为，要得佳品需在繁殖时，对雌雄双亲性状进行有意识的选择。正是在这些思想指导下，出现丰富的多姿多彩的金鱼品种。达尔文在《物种起源》一书中对中国金鱼的选择过程和原理给予很高的评价。清代，在作物和花卉的变异选择方面，人们也取得了丰富的经验，如《康熙几暇格物编》中提到的通过选择变异植株，选育成功早熟高产优质的“御稻”。这种单穗选择被称为一穗传。一穗传育种方法就是单株选择法。

中国传统生物学从孕育、发展，到19世纪中叶吴其濬《植物名实图考》的问世，可以说已经发展到了巅峰。自此以后，传统的描述性生物学逐渐衰落，而西方近代生物学开始排栏而入。

[五、近代生物学的传入：晚清时期]

虽然早在明末清初，西方的某些生物学知识即已通过来华传教士传入中国，但在当时并没有产生很大影响。鸦片战争后，随着兴办洋务的热潮和民主革命运动的开展，包括生物学在内的西方近代科学技术再次相继传入中国。此后，中国生物学研究开始突破传统的训诂、注释方法和偏重实用的医学、农学框架，转为以实际考察和实验为基础的生物学系统研究。

1851年，由英国医生B.哈信和中国学者陈修堂共同编译的《全体新论》一书，介绍了西方近代人体解剖与生理学知识。1858年，中国学者李善兰和英国学者韦廉臣根据英国植物学家J.林德利的有关植物学著作，合作编译出版了《植物学》一书，这是中国介绍西方近代植物学基础知识的第一部译著。《植物学》首次介绍了细胞学说，并展现了只有在显微镜下才能观察到的植物体内部组织构造；介绍了近代西方在实验观察基础上所建立起来的有关植物体各器官组织生理功能的理论，其中有关繁殖器官生理功能的描述使人耳目一新；介绍了近代科学的植物分类方法，将植物分为303科，列举了其中的36个科的名称及其代表植物的特点。在这本译著中，李善兰结合中国传统文化，创译了许多名词术语，如“科”“植物学”（botany）等。这些名词不仅被中国植物学界沿用至今，而且自从19世纪60年代传入日本后，也被接受并一直沿用至今。《植物学》可以说是东西方植物学的融合点，标志着中国近代植物学的萌芽。

除《植物学》外，19世纪后期还编译出版了《植物学启蒙》《动物学启蒙》《植物图说》等书。《植物图说》以图解形式，对植物体之器官形态构造有相当详细的介绍。这些译著的问世，对当时中国学者了解西方生物学知识起了一定作用。1898年，严复译著的《天演论》首次将“物竞天择，适者生存”的生物进化思想引进中国，不仅改变了中国人对生物演化的认识，更对中国近代社会产生了巨大影响。

《天演论》书影

第九章 泱泱神州——中国地理学史

中国是世界上地理学发展最早的国家之一。

[一、地理知识产生和积累阶段]

中国古代地理知识从远古时期至公元前3世纪逐渐产生和积累，这一时期相当于历史上的先秦时期。

中国古代地理知识萌芽于远古时代。距今约6000年的西安半坡遗址，坐落在渭河支流浐河的河谷阶地上，遗址的门多向南开，表明当时人们已会选择合适的地理位置建造村落，并已了解方向与日照、风寒有关。距今约4500年的山东大汶口文化遗址出土的陶器上有几个图像文字，其中一个由太阳、云气和山冈组成，说明人们对一些地理现象已有观察和认识，并会用图形来表达。

商、周已有不少地理记载。甲骨文上保存有殷代文丁六年（前1217）3月

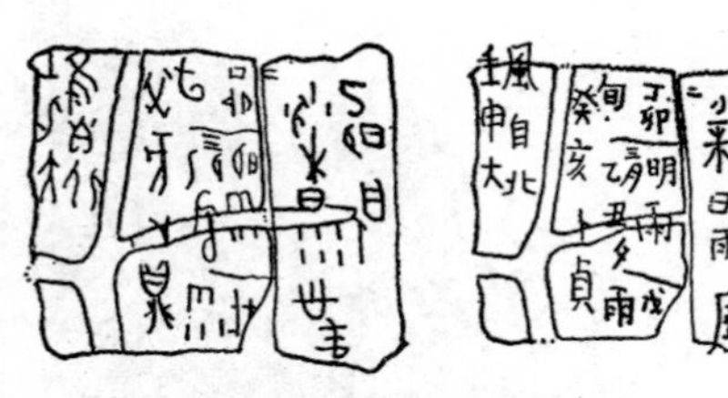

甲骨卜辞摹本及释文

20 ~ 29 日连载 10 天的天气记录。当时，已认识晴、阴、云、雨、雪、风、霾等天气情况，并有“大风自北”“大雨”“小雨”等关于风、雨强度和方向的一系列记载。

周代的《诗经》中，已有丰富的地形、气候、水文、动植物地理等知识，包括雪、雨、雹、雷、云、雾、露、霜、虹、闪电等数十种天气现象，山、阜、丘、陵、穴、谷、岵、冈、原（广平之地）、隰（低湿之地）等数十种地貌形态，并指出地壳的剧烈变动形成不同的地形（“百川沸腾，山冢崒崩。高岸为谷，深谷为陵”）。

春秋战国时代，已在地形、物候、水文、土壤地理、植物地理、地理区划和地图等方面取得了非常可贵的成就，出现了一系列地理专篇：如中国现存最早的物候专篇《夏小正》，中国最早的区域地理著作《禹贡》（《尚书·禹贡》），中国最早的综合自然地理著作、亦是中国最早的植物地理和土壤地理著作《管子·地员》，中国现存最早的地图专篇《管子·地图》，中国最早的山地著作《五藏山经》（《山经》，后成为《山海经》一部分），以及中国现存最早的地图《兆域图》（河北平山出土，绘制于公元前 323 ~ 前 315 年间）和放马滩地图（甘肃天水出土）等。一系列著述充分显示出考察自然、研究自然的方向，并在《周易·系辞》中出现了“地理”一词（“仰以观于天文，俯以察于地理”）。

《兆域图》

[二、传统地理学形成和发展阶段]

公元前3世纪末至19世纪末，传统地理学开始形成并逐步建立起自己的体系。

传统地理学形成时期　秦汉至南北朝时期（公元前3世纪末至公元6世纪），中国传统地理学开始形成体系并发展成熟。《史记•货殖列传》和《汉书•地理志》的出现，标志中国传统地理学（舆地之学、方舆之学），或说中国古代地理学开始形成。前者是中国最早的经济地理专篇，后者是中国第一部疆域地理志，也是中国最早的沿革地理著作。马王堆地图和裴秀的制图六体标志中国传统地图学（又称舆图之学）的形成。其中，马王堆《地形图》是中国现知最早的实测地图，马王堆《驻军图》是中国和世界现知最早的彩绘军事地图；制图六体是中国最早的制图理论，直至清初仍为中国地图学家所遵循，支配中国地理制图1000多年。

马王堆帛书地形图

马王堆帛书驻军图

这个时期的重要成果和著作有张骞出使西域及记录出使成果的《史记•大宛列传》和《汉书•西域传》；法显西行天竺及记录其西行成果的《法显传》，它是中国古代记述中亚、印度、南亚的第一部旅行记；中国专记水道的第一部著作《水经》；现知最早的官修志书《南阳风俗传》，现存最早以“志”命名的志书《华阳国志》等。集这个时期之大成的是郦道元的名著《水经注》，它的问世标志中国传统地理学的成熟。

传统地理学发展时期　隋唐至清末（公元6世纪至19世纪末20世纪初）阶段，传统地理学成果丰硕：①按《汉书·地理志》体例开拓的疆域地理著作连续不断，各代正史大多收有地理志，二十四史中有16部。②由《史记·河渠书》《汉书·地理志》开创的沿革地理，在这个阶段获长足发展，宋代王应麟《通鉴地理通释》等书的问世标志沿革地理成为一门学问；明清时沿革地理成为中国传统地理学的主流，清代顾祖禹《读史方舆纪要》和杨守敬《历代舆地图》是中国沿革地理发展的高峰。③域外地理与边疆地理成就可喜，有玄奘足遍天竺、义净旅行南亚、鉴真东渡日本、汪大渊远航东非、郑和下西洋等，出现了玄奘的《大唐西域记》、周达观的《真腊风土记》、汪大渊的《岛夷志图》、马欢的《瀛涯胜览》、图理琛的《异域录》、陈伦炯的《海国闻见录》、魏源的《海国图志》、徐继畬的《瀛环志略》等著述。④地方志由地纪经过图经，发展到方志，体例已渐成熟，一批名志流传至今。如陈公亮等的《严州图经》、宋敏求的《长安志》、范成大的《吴郡志》、周应合等的《景定建康志》、临安三志（《乾道临安志》《淳祐临安志》《咸淳临安志》）、于钦父子的《齐乘》、傅王露的《西湖志》等。并出现了全国性总志，如李泰的《括地志》、李吉甫的《元和郡县图志》、乐史的《太平寰宇记》、王存等的《元丰九域志》等；后又演变为一统志，如《大元大一统志》《大明一统志》《大清一统志》。⑤地图编绘在裴秀制图六体的基础上获进一步发展。唐代贾耽绘制的《海内华夷图》开创了沿用至今的朱、墨两色分注古今地名的先例；明代罗洪先的《广舆图》等开创了用几何图例表示地形地物的先例。遗存至今的古代地图，绝大多数居于这个阶段，如《九域守令图》《华夷图》《禹迹图》《历代地理指掌图》《平江图》《静江府城图》《杨子器跋舆地图》《郑和航海图》《京城全图》等。⑥地理考察方面取得不少成果，突出的有：都实探黄

玄奘

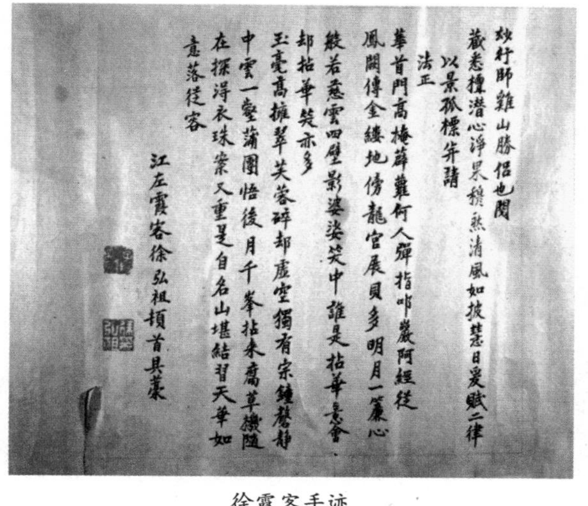
妙行師雞山勝侶也聞
藏卷棲潛心淨界積熟清風如披慧日爰賦二律
以景孤標并請
法正
華首門高棲蘚龕何人彈指叩巖阿經從
鳳闕傳金縷地傍龍宮展貝多明月一簾心
般若慈雲四壁影婆娑笑中誰是拈華意會
卻拈華笑亦多
玉毫高擁翠芙蓉碎卻虛空獨有宗鐘磬靜
中雲一壑蒲團悟後月千峯拈來禽草攖隨
在探得衣珠衆又重是自名山堪結習天華如
意落從容
江左霞客徐弘祖頓首具藁

徐霞客手迹

河源，留有《河源志》；范成大考察桂林的洞穴和峨眉山的植物垂直分布，撰成《桂海虞衡志》；徐霞客周游中国各地，撰写成在世界地理学史上占有重要地位的《徐霞客游记》。徐霞客为中国古代地理学开创了实地考察、研究自然规律的新方向。继后，顾炎武、孙兰、刘献廷等人严厉地抨击地理学研究中脱离实际的议论和本本主义，提出“经世致用”，认为不但要“说其所以然”，更要“又说其所当然”，去研究“天地之故”，即研究大自然的规律。他们还身体力行，撰写出《天下郡国利病书》《肇域志》《柳庭舆地隅说》等地理名著。然而，他们开创的方向后继无人，未能由此而萌发出近代地理学研究方法、知识和体系。

明清时期，尤其是清代，是中国传统地理学发展的高峰，主要成就有：①较全面的整理和研究了古代地理名著，包括校勘、注释、考证、辑佚等，且大多数获突破性的或超越前人的成就。如胡渭《禹贡锥指》、郝懿行的《山海经笺疏》、王先谦的《合校水经注》和杨守敬的《水经注疏》等。②对政区沿革、水道变迁等沿革地理考证取得巨大成就，其研究范围之广是前所未有的，从先秦时代到清朝、从中原地区到边疆，几乎所有见于记载的重要地名、山川、城邑、古迹都有人考证，出现了不少综合性著作，也完成了不少填补历史空白的专著，如《读史方舆纪要》、顾炎武的《历代帝王宅京记》、朱彝尊的《日下旧闻》、陈芳绩的《历代地理沿革表》、齐召南的《水道提纲》、徐松的《唐两京城坊考》《皇舆西域图志》等。③高质量的域外地理和世界地理著作问世，如《海国图志》《异域录》《瀛环志略》等。④方志大量修纂。现存清代方志有6000多种，约占现存全部方志的80%，而且出现洪亮杏的《泾县志》、戴震的《汾州府志》、傅王露的《西湖志》等名作；方志学也于乾（隆）道（光）年间由章学诚等奠定基础，还编纂了《大清一统志》。⑤在西学东渐的影响下，从明代起利玛窦等人带来了西方先进的地理思想，涌现出利玛窦的《坤舆万国全图》、儒略的《职方外纪》、南怀仁的《坤舆全图》等著作，使中国人的视野扩大到欧洲、日本，进而扩大到全世界，到清代后期改变或动摇了以中国为中心的传统地理观念。⑥西方测绘、制图技术的引进，结合中国的实际，于康熙、乾隆年间实测绘制的《皇舆全览图》《乾隆内府舆图》达到了当时世界最先进的水平，随后的《皇朝一统舆地全图》又将西方的投影法和中国传统的计里画方结合于一体，使中国地图绘制工作的精度大大提升。清末杨守敬则集历代之大成，绘制成巨著《历代舆地图》。

发展到19世纪末20世纪初，中国传统地理学成果斐然，但由于各种原因，它只是旧的知识的总结，没有成为也不可能成为新地理学，即近代地理学的开端。中国近代地理学是在引进西方近代地理学的基础上形成和发展起来的。

第十章　巧夺天工——传统工艺技术史

[一、纺织技术的历史]

中国是世界上最早生产纺织品的国家之一。

原始手工纺织　原始社会时期，人们已经学会利用采集的野生葛、麻、蚕丝等，并且利用猎获的鸟兽毛羽，搓、绩、编、织成为粗陋的衣服以取代蔽体的草叶和兽皮。到原始社会后期，随着农、牧业的发展，人们逐步学会了种麻索缕、养羊取毛和育蚕抽丝等人工生产纺织原料的方法，并且利用了较多的工具，使劳动生产率有了较大的提高。那时的纺织品已出现花纹，并施以色彩。但是，所有的工具都由人手直接赋予动作，因此称作原始手工纺织。

从远古到公元前 22 世纪是原始手工纺织的发展时期。人类进入渔猎社会后即已学会搓绳子，这是纺纱的前奏。山西大同许家窑 10 万年前的文化遗址出土了 1000 多个石球。投石索是用绳索做成的网兜，在狩猎时可以投掷石球打击野兽。可以推断，那时人们已经学会使用绳索了。绳索最初由整根植物茎条制成。后来发现了劈搓技术，将植物茎皮劈细（即松解）为缕，再用许多缕搓合在一起，利用扭转（加拈）以后各缕之间的摩擦力接成很长的绳索。为了加大绳索的强力，后来人们还学会用几股拈合。

人类为了御寒，最初直接利用草叶和兽皮蔽体，由此发展编结、裁切、缝缀的技术。连缀草叶要用绳子；缝缀兽皮起初先用锥子钻孔，再穿入细绳，后来演化出针线缝合的技术。在北京周口店旧石器时代遗物中发现了石锥。山顶洞人遗物中存有公元前 1.6 万年的骨针。骨针是引纬器的前身，是最原始的织具。随着骨针的使用，古代的中国人开始制作缝纫线。人们根据搓绳的经验，创造出绩和纺的技术。绩是先将植物茎皮劈成极细长缕，然后逐根拈接。这是需要高度技巧的手艺，所以后来人们把工作的成就称为“成绩”。动物毛羽和丝本身是很细长的纤维，用不着劈细，但要使各根分散开，这叫作松解。后来人们发现用弓弦振荡，可使羽毛松解；用热水浸泡蚕茧，可从其中抽出丝纤维。河姆渡出土一只象牙盅，四周刻有类似蚕的虫形纹，证明当时人们除了利用植物茎皮外，已经认识到野蚕丝的重要性。先把纤维松解，再把多根拈合成纱，称为纺。开始是用手搓合，后来人们发现，利用回转体的惯性来给纤维做成的长条（须条）加上拈回，比用手搓拈又快又匀。这种回转体由石片或陶片做成扁圆形，称为纺轮，中间插一短杆，称为锭杆或专杆，用以卷绕拈制纱线。纺轮和专杆合起来称为纺专。古典中的“生女弄瓦”，就是指女孩子从小要用纺专学纺纱。旧石器时代晚期出土文物中已出现纺轮。在全国各省市新石器时代遗址中，几乎都有大量的纺轮出土，证明那时用纺专纺纱已经很普及了。

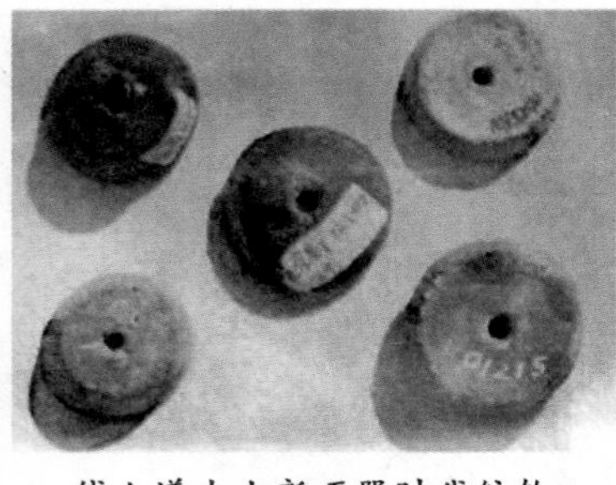
钱山漾出土新石器时代纺轮

织造技术是从制作渔猎用编结品网罟和装垫用编制品筐席演变而来。《周易·系辞》记载了传说中的伏羲氏“作结绳而为网罟，以佃以渔”。出土的新石器时代陶器上有许多印有编制物的印痕。河姆渡遗址出土有精细的芦席残片，陕西半坡村公元前 4000 多年遗址出土陶器底部已有编织物的印痕。最原始的织不用工具，而是“手经指挂”，完全徒手排好直的经纱，然后一根隔一根挑起经纱穿入横的纬纱。织物的长度和宽度都极其有限。人们在实践中逐步学会使用工具，先在单数和双数经纱之间穿入一根棒，称为分绞棒。在棒的上下两层经纱之间便形成一个可以穿入纬纱的“织口”。再用一根棒，从上层经纱的上面用线垂直穿过上层经纱而把下层经纱一根根牵吊起来。这样，把棒向上一提便可把下层经纱一起吊到上层经纱的上面，从而形成一个新的“织口”，穿入另外一根纬纱而免去逐根挑起经纱的麻烦。这根棒就称为综杆（木制）或综竿（竹制）。“综合”一词即导源于此。纬纱穿入织口后，还要用木刀打紧定位。经纱的一端，有的缚在树上或柱子上，有的则绕在木板上，用双脚顶住。另一端连织好的织物则卷在木棒上，棒两端缚于人的腰间。这就是原始腰机。河姆渡遗址出土了木刀、分绞棒、卷布棍等原始腰机零件，造型和现在保存在少数民族中的古法织机零件甚为相似。此外，新石器时代遗址青海柳湾出土有朱砂，山西西荫村出土有研磨颜料的石臼、石杵，陕西姜寨出土有彩绘工具，说明当时的衣料也和用器一样着有色彩，绘有花纹。

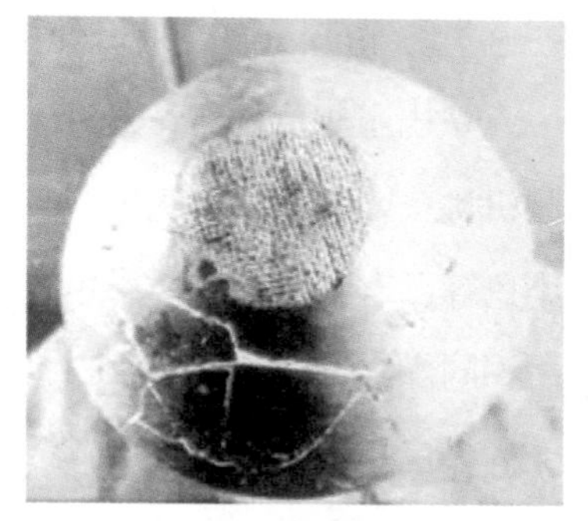

带有织物印痕的半坡陶器

手工机器纺织　从公元前 21 世纪到公元 1870 年是中国手工机器纺织的形成和发展时期。据传说，中国从夏代起纺织品已成为交易物品，出现了纺织生产发达的中心城镇，形成了以纺织生产为业的专业氏族。至迟在周代，已有了官办的手工纺织作坊，而且内部分工已日趋细密。大麻、苎麻和葛已成为主要的植物纤维原料，发明了沤麻（浸渍脱胶）和煮葛（热溶脱胶）技术。周代的栽桑、育蚕、缫丝已达到很高的水平，束丝（绕成大绞的丝）成了规格化的流通物品。在商代遗迹已发现织有几何花纹和采用强拈丝线的丝织物；周代遗物则已有提花花纹；春秋战国丝织物品种已发现有绡、纱、纺、縠、缟、纨、罗、绮、锦等，有的还加上刺绣。青海诺木洪和新疆许多地方出土彩色的毛织物，年代不晚于西周初。

在这些纺织产品中，锦和绣已非常精美。所以“锦绣”成为美好事物的形容词。

从出土织品推断，最晚到春秋战国，缫车、纺车、脚踏斜织机等手工机器和腰机挑花以及多综提花等织花方法均已出现。丝麻脱胶、精练，矿物、植物染料染色等已有文字记载。染色方法有涂染、揉染、浸染、媒染等。人们已掌握了使用不同媒染剂，用同一染料染出不同色彩的技术。色谱齐全，还用五色雉的羽毛作为染色的色泽标样。布、葛、帛从周代起已规定标准幅宽 2.2 尺，合今 0.5 米，匹长 4 丈，合今 9 米。每匹可裁制一件上衣与下裳相连的当时服装“深衣”。并且规定，不符合标准的产品不得出售。这是世界上最早的纺织标准。

秦汉时，中国丝、麻、毛纺织技术都达到很高的水平。缫车、纺车、络纱、整经工具以及脚踏斜织机等手工纺织机器已经广泛采用，多综多蹑（踏板）织机构造相当完善，束综提花机也已产生，能织出大型花纹。多色套版印花也已出现。湖南长沙马王堆汉墓出土纺织品是当时纺织水平的物证。由隋唐到宋织物组织由变化斜纹演变出缎纹，使“三原组织”（平纹、斜纹、缎纹）趋向完整。束综提花方法和多综多蹑机构相结合，逐步推广，纬线显花的织物大量涌现。人民日常衣着广泛使用麻织物，葛已趋于淘汰。

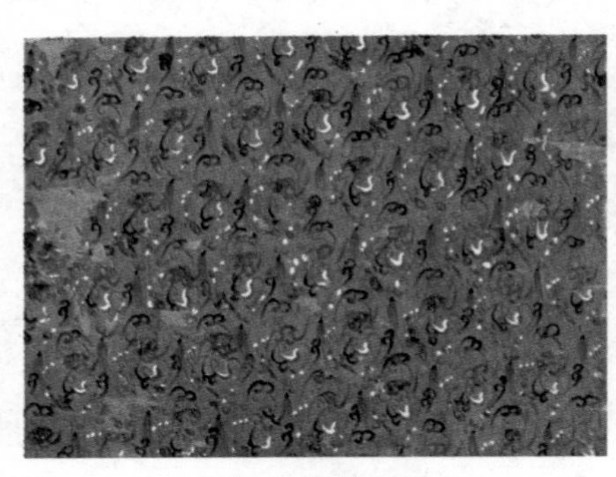

西汉印花敷彩纱

西汉素纱单衣，马王堆汉墓出土

南宋后期，一年生棉花在内地的种植技术有了突破，棉花在全国广大地区逐渐普及。棉纺织生产突出发展，到明代已超过麻纺织而占据主导地位。宋代还出现适用于工场手工业的麻纺大纺车和水转大纺车，说明那时城镇纺织工场已很兴盛。工艺美术织物，如南宋的缂丝、元代的织金锦、明代的绒织物等，精品层出不穷。

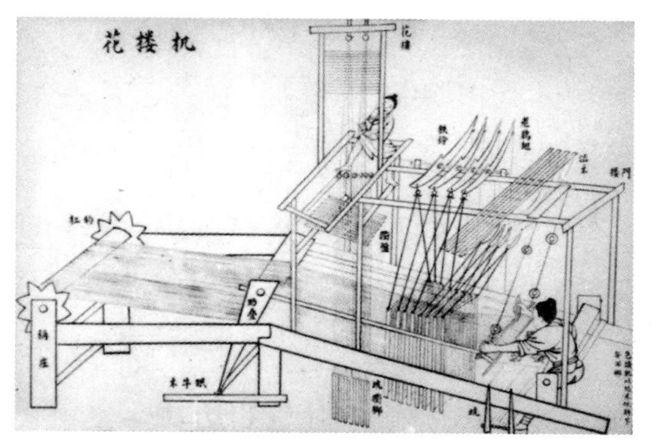

《天工开物》花楼机图

多锭大纺车，束综与多综多蹑结合的花本提花机，以及清代出现的多锭纺纱车，证明手工纺织机器发展达到了一个高峰。

中国以外的世界上除紧邻中国的朝鲜、日本、波斯（今伊朗）和若干中亚、南亚国家较早引用中国式的手工纺织机器外，埃及曾使用亚麻纺车，印度曾使用棉纺车。脚踏提综的织机到公元1200年前后才在欧洲普及使用。至于用水力驱动纺车，在欧洲已是19世纪70年代以后的事。

手工机器纺织的生产形态　中国古代一直存在着广大而分散的农村副业、城镇独立手工业和集中而强大的官营手工业三种纺织生产形态。官营手工业是在土地皇有制的基础上产生的，专为皇帝赏赐和对外馈赠等需要服务，技术水平最高，但因不以营利为目的，往往不惜工本。同时由于封建等级制度，禁止民间穿用和仿造纺织精品，实行技术垄断。所以又有阻碍技术普及的消极作用，以致有些纺织绝技常常失传。清代中叶以后，官营纺织业管理逐渐腐败，到清末逐步为新兴的近代纺织工业所代替。城镇独立纺织手工业规模远比官营为小，生产中档的和部分不受禁止的高档产品，为市场贸易服务。尽管历史上出现过著名的技术能手和纺织大户，但直到清末也未产生出纺织资本家来。农村纺织副业则面广量大，质量良好，但一般技术水平不高，产品多为农民自用或者供应市场作大宗衣料。

而在西方，18世纪后半叶，西欧在手工纺织的基础上发展了动力机器纺织，逐步形成了集体化大生产的纺织工厂体系，并且推广到了其他行业，使社会生产力有很大的提高。鸦片战争后，西欧国家把机器生产的“洋纱”“洋布”大量倾销到中国来，猛烈地冲击了中国手工纺织业。洋务运动时期，中国从1870年开始引进欧洲纺织技术，开办近代大型纺织工厂，从此形成了近代少数大城市集中性纺织大生产和广大农村中分散性手工机器纺织生产长期并存的局面。

[二、陶瓷制造的历史]

迄今为止所获得的考古资料表明：陶器是在旧石器时代晚期和新石器时代，由世界各地各民族独立地创造出来的；瓷器则是中国于东汉时期发明的，此后逐渐传向东西方。

陶器发展概况　陶器的发生与发展有着上万年的历史，河北徐水县南庄头出土的陶片是中国现存最早的陶器之一，是约1.5万～1万年以前的旧石器时代晚期的陶器遗存。到了新石器时代，人类逐渐由渔猎转向耕作，开始过着以农业为主的定居生活，陶器制造也随之发展起来，并成为母系氏族社会中女性劳动的基本内容之一。

中国新石器时代的陶器遗存以黄河流域和长江流域发现的较多，而且也比较完整。这些陶器以泥质红陶或夹砂红陶为主。其后，灰陶或黑陶相继出现。所有这些陶器，都是用产地附近挖掘的红土、沉积土、黑土等作为原料，用泥条盘筑法、手工捏塑法或模制法成型，然后采用露天堆烧，或在横穴窑或竖穴窑等简单窑炉中焙烧制成的。作为炊具用的陶器则大部分在坯料中掺入砂粒，以增强耐热急变能力，防止在干燥及烧成中产生过大收缩而使制品开裂。中国浙江河姆渡文化遗址中发现的夹炭黑陶，是以碎树条或稻谷外壳掺和在坯料中减少干燥和烧成中的收缩开裂，并在还原气氛中烧制。在大汶口及山东龙山文化遗址中发现的白陶和厚度为1.0～1.5毫米的薄胎陶器，显示出这一文化时期人类已经掌握了较为进步的原料精选与制备、坯体成型与修整以及烧成等加工工艺，并在高岭土或瓷土的使用方面积累了较丰富的经验。轮制法成型是新石器时代陶器制作已经采用的一种方法。大溪文化和山东龙山文化遗址中出现的薄胎陶器表面遗有明显的轮纹，标志着陶轮已应用于当时的制陶工艺。这种用人驱动的陶轮直到 19 世纪才发展为由机械驱动。

龙山蛋壳黑陶杯

新石器时代的陶器，很多都有不同形式的装饰纹样或彩绘。无论是刻划的、压印的和拍印的，或是用赭色或黑色矿物原料彩绘的几何图纹、动物或人物形象，都具有很高的工艺水平和艺术感染力。这类彩陶和印纹陶等是新石器时代世界许多地区陶器发展的共同特征，表明此时的陶器在实用性的基础上增加了艺术性内容。

中国商周时期，由于手工业的进步，陶器的生产组织和技术有了新的发展。河南郑州商城遗址西墙外发现有商代制陶工场，陕西洛水村发现有制陶作坊。由此可见，商代制陶业已基本上采取了集中而有分工的生产方式。黄河与长江流域的许多文化遗址中，都有大量商代中期的精美白陶、印纹硬陶和釉陶出土。其中白陶的化学组成和矿物组成均与高岭土相似；制釉用的熔剂原料为石灰石或方解石类矿物，氧化钙含量达到 15.7%。此外，在陕西扶风、岐山的周代遗址，大量出土了板瓦、筒瓦和瓦当以及陶质水管等构件。这表明商周时期除制造了大量日用陶器、陈设陶器与炊具外，还制造了建筑用陶。

春秋战国时期，陶器的使用范围进一步扩大，包括纺织用的纺轮、制陶用的拍板和印模、铸造铜铁器用的陶范、测量所需的量具等生产工具，以及作为礼器、陪葬品的陶塑等。这一时期，烧陶的窑也有了很大进步。北方烧制灰陶已经使用圆窑。它能使火焰在窑室内的流动从简单穴窑的升焰式变成半倒焰式，增加热的交换，使窑内温度更加均匀。南方烧造印纹硬陶与原始瓷则使用一种顺坡地修建的龙窑。这些改进的窑炉结构，使产品的产量与质量得到提高，并降低了燃料的耗用量。

秦兵马俑中的披甲武士跪俑

秦汉时期是中国陶器发展史上的一个重要阶段。虽然当时仍以泥质灰陶为主，但陶器的应用范围扩大，同时在艺术加工方面也达到了较高的水平。这一时期盛行陪葬用陶俑，如秦始皇陵数以千计的兵马将军俑，汉时的武士俑、仕女俑，以及许多反映生活与生活享受的陶塑，都以完美的艺术形式、生动逼真的神态，体现了陶塑品的高度技艺。建筑用陶也增添了艺术色彩，如秦咸阳宫的纹饰铺地青砖、砌墙用的表面刻有龙凤纹和各种画像的空心砖、汉茂陵用的刻玄武纹条砖等，代表了这一时期的风尚。

唐三彩骑驼乐舞俑

自东汉发明瓷器以后，中国的陶瓷业已转向以瓷器为主的发展方向，瓷窑遍及中国南北各地。但仍有许多以生产陶器闻名的地区，如唐代发展起来的巩县三彩陶塑，盛极一时。它既保持了秦汉以来彩陶的写实传统，又创造地运用低温铅釉色彩的绚丽、斑斓，烘托出富有浪漫色彩的盛唐气象。磁州窑系的观台窑，既烧制低温铅釉三彩陶器，也烧制纯绿釉陶器。广东佛山石湾窑与江苏宜兴窑均始于宋代而盛于明、清两代。石湾窑以仿钧著称，以“器体厚重、胎骨暗黑、釉色光润”为其特点。宜兴紫砂因明代万历年间崇尚饮茶而盛行一时，至清代成为贡品并远销日本及欧洲，后为德国的迈森瓷厂以及欧洲其他陶器厂所仿制。

瓷器发展概况　瓷器是在陶器制造技术长时期、多方面经验积累的基础上创造出来的，是中国古代先民的伟大发明之一。与陶器相比，瓷器的工艺要求较为复杂。

大量的陶瓷考古发掘和古陶瓷科学技术研究成果表明，在前 15 ~ 前 3 世纪的商周时代，中国制陶技术出现三个重大的技术突破，即：①原料的选择与精制。商代的白陶和印纹硬陶，其组成和高岭土接近，这说明当时已发现并采用了地表某些高铝质黏土和风化良好的瓷石作为制陶原料，且已出现淘洗技术。②窑炉结构的改进和烧成温度的提高。新石器时代采用平地堆烧或穴窑烧成，陶器在 800 ~ 1000℃下烧成，而商周时期窑炉出现侧墙体和窑顶，合理的窑炉结构使得部分陶器的烧成温度达到约 1200℃。③釉的发明。中国最早的有釉制品出现于商代。这种釉含 15% ~ 20%的氧化钙。虽然在外观上不太美观，但它们却是中国后世各种青瓷的鼻祖。这三大技术突破为中国发明瓷器奠定了基础，实现了陶器向原始瓷器的转变，也为东汉时期瓷器制造工艺的出现做好了准备。在河南、河北、安徽、湖南、湖北，尤其是浙江、江西等地发掘的东汉晚期墓葬品中，均发现有瓷制品。东汉时，浙江上虞一带窑场已能烧得瓷化程度较好的青瓷，瓷质光泽，透光性好，吸水力低，烧成温度 1260 ~ 1310℃，通体施釉，釉层显著增厚，胎釉结合紧密。三国两晋时期瓷器制造有较大发展和改进。此后中国的瓷器大体经历了唐宋时期蓬勃发展和元明清时期达到鼎盛两个阶段。

唐宋两代经济发达，瓷业也空前繁荣。唐时已有浙江的越窑与河北的邢窑两大名窑系，分别以制造青瓷与白瓷而称誉，当时有“南青北白”之称。这一时期，除青色釉器外，还有花釉瓷，以及如长沙铜官窑开创的釉下彩绘瓷、巩县的三彩陶等品种，体现了唐代陶瓷的水平和艺术风格。宋代的瓷器产地遍及中国中原及南北各地，按产品的工艺、釉色、造型与装饰技艺，形成了若干瓷窑体系。宋代的定、汝、官、哥、钧五大名窑为当时诸窑的代表。实际上，陕西的耀州窑、江西的景德镇窑、河北的磁州窑、福建的建窑等窑，当时也已能与上述窑系齐名。

唐宋两代的瓷业除产量和质量较前有大幅度的提高外，装饰技艺也开创陶瓷美学的新境界。如钧窑的窑变色釉，以紫色斑斓代替花纹装饰，在青釉瓷中独树一帜；汝瓷的釉面质感润如堆脂；景德镇瓷的青白釉，色质如玉；龙泉青瓷的梅子青、粉青釉色翠绿晶润，达到了青釉瓷的高峰；定窑瓷胎薄釉润，造型优美，装饰的刻划手法图纹严谨；耀州青瓷的刻花犀利，极其富丽；福建建阳的曜变天目和江西吉州的木叶天目鬼斧神工。这些瓷器至今仍为收藏家所珍爱。唐宋两代在瓷器制作工艺上也有新的发展。如唐时继承隋代匣钵的发明并扩大了应用，对瓷器质量的提高起到了较关键的作用；宋代从定窑发展起来的覆烧工艺，是保证瓷器质量、提高产量的一种较先进而有效的措施。

北宋登封窑人物纹瓶

南宋龙泉窑青瓷瓶

南宋建窑黑瓷曜变盏

元明清三代是中国瓷器制作工艺与装饰艺术成熟发展并达到鼎盛的时期。这一时期中国的白瓷器生产，一直以景德镇的技艺水平为代表。景德镇优良的白瓷是装饰艺术在陶瓷上尽情发挥的素地，突出成就有元代的铜红釉、青花、釉里红，明代的釉上彩绘和釉上与釉下彩饰相结合的斗彩，清代的五彩、粉彩、珐琅彩。其中青花装饰技艺，自元代烧成以来，历代相传，经久不衰，并成为这一时期瓷器生产的主流，中国各地及外国部分地区的制瓷工业争相仿制。自元代以来，景德镇瓷器坯料在制备中广泛地掺和了高岭土，这一工艺的改进，提高了制品在高温中抵抗软化变形的能力，并使制品获得较高的白度。

元卵白釉瓷高足杯

元明以后，浙江龙泉青瓷虽仍在烧造，但规模已远不如前。明代以后，福建德化的白瓷技艺取得重大成果。清代晚期以后，随着欧洲和日本瓷器大量返销中国市场，中国瓷器生产开始寻求和发展自身的特色品种，相继出现湖南省醴陵地区的釉下五彩瓷、潮州彩瓷、唐山化学瓷和卫生瓷等新型产品。

中国瓷器在唐宋时期已开始西传至中东、近东与埃及一带，埃及的伏斯泰特就已出土中国从唐到清各时期的瓷器碎片近万件。中国青花瓷器在该地区所产生的影响，尤其是在装饰艺术方面的影响，直到现在依然存在。

明青花海水云龙扁瓶

[三、冶金技术的历史]

冶金技术的发展提供了用青铜、铁等金属及各种合金材料制造的生活用具、生产工具和武器，提高了社会生产力，推动了社会进步。

青铜时代　人类在新石器时代晚期开始利用天然金属。此后逐渐以矿石为原料冶铸铜器。此时以使用石器为主，也使用少量小件铜器，称为铜器时代或铜石并用时代。天然金属的资源有限，要获得更多的金属，只能依靠冶炼矿石制取金属。人类在寻找石器过程中认识了矿石，并在烧陶生产中创造了冶金技术。在中国，商代之前和商代初期黄河流域已经出现了一些铜器，包括红铜、锡青铜和铅青铜。此时人们已掌握铸造中空器物的技术，如铜四羊权杖首。权杖首还使用了嵌铸技术，这些都反映了较高的铸造水平。

商周是中国青铜器的鼎盛时期，在技术上达到了当时世界的高峰。大批出土的商周铸造铜器文物包括生产工具（斧、锛、钻、刀、削、锯、锥等）、农具（锄、铲、镬）、武器（戈、矛、钺、镞等），以及大量的礼器和生活用器。河南偃师二里头出土了近 30 件商代早期（公元前 16 世纪）的锡青铜器。河南郑州出土的两只商代中期的方鼎，分别重 64.2 公斤和 82.3 公斤，高约 1 米，后者含铅 17%、锡 3.5%。

前 21 ～前 16 世纪铜器残片

河南安阳出土的商代晚期的后母戊鼎，是世界最大的已出土古青铜器。这反映了在商代后期中国青铜铸造的卓越技术和宏大规模。古代铸造遗址中往往发现铜锭，而甚少发现遗存铜矿，可以推断此时有冶铜场专门负责冶炼铜料，青铜器则由铸造作坊负责制作。

春秋时期铸铜遗址陶范

商周青铜器大都用经过焙烧的泥范铸造，晚期则和世界其他国家一样使用少量铜范。殷墟妇好墓出土了四百四十多件精美的青铜器，有些器物形状尺寸基本相同，可能已用一套模制作几套范，这批铜器中还有结构复杂的铸件，如汽柱甑形器（青铜汽锅）。

商代四羊铜尊

这一时期利用陶范、铸接的办法，铸造了许多精巧的青铜器，如湖南出土的四羊尊、河南出土的莲鹤方壶。春秋战国之交（公元前 6 ～前 5 世纪）利用泥范铸成的编钟，不仅是声学、律学上的光辉创造，也是青铜铸造工艺的卓越成就。湖北随县曾侯乙墓（约公元前 430 年）出土青铜器四千余件，总重达十吨，其中错金铭文的编钟多达 64 枚，每钟两音。另有楚王赠送的重达 135 公斤的镈钟，同墓还出土了两只重 320 公斤的大缶和用失蜡法铸造的结构极为复杂的一套尊盘。

曾侯乙尊盘

冶铜的一个重要发展是硫化铜矿的使用，中国使用的铜矿石主要是氧化铜。湖北大冶铜绿山矿冶遗址采用了木结构支护和排水提升设备。矿石在矿区用竖炉冶炼，附近遗留有流动性很好、铜渣分离良好的玻璃质炉渣约40万吨，渣中含铜平均0.7%。根据炉渣成分和炉旁的赤铁矿推测，冶炼时使用了熔剂，以调整炉渣成分，提高渣的流动性。

在冶炼设备方面，中国早期使用陶尊，外部涂有草拌泥，起到绝热保温的作用，内面涂有耐火泥层，铜矿和木炭直接放入炉内。这一装置不同于从外部加热的“坩埚”熔炼，可使炉内温度提高，这种内热式陶尊炉发展成为泥砌或预制陶圈叠成的竖炉，下部有可以直接出渣、出铜的孔，如山西侯马春秋冶铸遗址的炉子。

在商周冶铸的基础上，战国后期（公元前3世纪）的《考工记》，记载了铸造各类青铜器所用合金成分，即“六齐”，这是世界上已知最早的关于合金成分规律的记载。《吕氏春秋•别类篇》（公元前240年左右）记载：“金（即铜）柔锡柔，合两柔则刚。”这是世界上较早的有关合金强化的叙述。《荀子》（公元前313～前238年）中指出铸造青铜时“刑范正，金锡美，工冶巧，火齐得”，即要求铸范精确，原料纯洁，工艺细致，温度、成分适当，也是较早的有关铸造工艺的记载。

铁器时代 在青铜的应用还处在兴旺时期，铁已经登上历史舞台了。从春秋末叶起，生铁在中国得到了日益广泛的应用。此后，生铁退火制造韧性铸铁的技术和以生铁为原料的制钢技术的出现，标志着生产力的重大进步。这两大发明对战国和秦汉农业、水利、经济、军事的发展起了重大作用，是促进中华民族统一和发展的重要因素之一。

生铁的出现是因为中国烧陶窑和冶铜炉炉温较高，具备了高温冶铁的条件。铁矿石在温度较高的炼铁炉中高温还原并渗碳，得到含碳达到3%～4%的液态生铁。战国初期人们用热处理方法，使白口铁中与铁化合的碳（碳化铁）成为石墨析出，发明了韧性铸铁的工艺。这一工艺是工匠尝试用退火方法降低白口铁脆性的结果。在河南洛阳出土了战国初年经退火表面脱碳的钢面白口铁锛，是当时已有退火操作的证明。在这基础上延长退火时间就可以产生韧性铸铁。这一发明使铸铁得以广泛应用于军事和农业生产。《孟子》记载了孟轲（约公元前390～前305年）的话：“许子以铁耕乎？”反映了在公元前4世纪铸铁农具正在推广。

战国后期，人们发明了可以重复使用的铁范。到汉代发展为由铁官制造铁范，发给作坊，用以生产统一规格的铁器。战国时已用叠铸方法生产铜钱，汉代以后，叠铸方法进一步发展，并大量生产车马器件等。社会的需求促进了生产，汉代大的高炉容积已达 50 立方米左右。河南郑州附近古荥镇汉代钢铁场遗址出土的两座高炉，炉缸呈椭圆形，长径 4 米，短径 2.7 米，高（从积铁估计）约 6 米。积铁每块重在 20 吨以上，场址面积达 12 公顷。在当时的世界上，这种炼铁技术是非常先进的，规模也最宏大。与当时中国以外地区使用块炼铁技术相比，生铁产量大、成本低、铸件制作容易，因而在日常生活中得到广泛使用，如制造炉、釜、锁，甚至用以封闭墓门（如河北满城汉代刘胜墓）。

生铁和韧性铸铁的大规模生产导致了生铁制钢的发明。在汉代，人们先后发明了以下几种生铁制钢的方法：铸铁脱碳钢、炒钢和灌钢（又称团钢）。公元 2 世纪末，由炒钢衍生出了“百炼”这一工艺，并留下了“百炼成钢”的成语。汉代钢铁生产工艺其他方面的先进之处，表现在炼铁高炉扩大、鼓风设备（东汉初期出现水排）与熔剂的使用，以及燃料的合理选择等方面。

《王祯农书》水排图

在中国，到南北朝（公元 6 世纪）时，除坩埚法和近代钢铁技术外，各种钢铁技术都已经得到应用。宋元时期，中国边疆地区有炼制镔铁的记载，宋代进一步发展了用熟铁中夹嵌高碳钢的技术，如江苏镇江博物馆所藏南宋咸淳六年（1270）印侍郎铁刀，元大都出土的文物中也有这种钢刀。明代以后亦有钢表铁里，或熟铁锻件（如锄的刃口）进行液态生铁淋口硬化的技术。

中国冶金技术，特别是战国秦汉以后的钢铁冶炼技术不断向外传播。战国时期传到朝鲜，汉代进一步传到日本。铁制农具也在这个时期被带到了越南。张骞通西域以后，把生铁的冶铸技术带到中亚和西亚。据《汉书·大宛传》记载，从大宛（今费尔干纳盆地）至安息（今伊朗）都不知铸铁，由汉代官兵教他们铸器。

罗马博物学者普林尼（27 ~ 97）对中国钢铁大加赞赏，认为最优良、最卓越的钢是中国产品。

[四、古代建筑发展史]

在世界建筑体系中，中国古代建筑是源远流长的独立发展的体系。这种建筑体系至迟在3000多年前的殷商时期就已经初步形成并逐步发展起来。

中国古代建筑的发展　中华民族的祖先早就在黄土地层上挖掘洞穴，作为居住之所。穴居时代积累了对黄土地层的认识和夯筑的技能，搭盖穴口顶盖积累了对木材性能的知识和加工的经验技巧。穴口周围积土培实，以防地面水流入穴内；顶盖上留出洞口，以便排烟通风等；这些措施，逐渐形成了某些固定的屋顶形式。在南方某些低洼或沼泽地区，还从巢居逐步发展出桩基和木材架空的干栏构造。从新石器时代仰韶文化的西安半坡遗址可以看到当时的聚居点已经是有规划的形式，中国建筑的特点已经开始萌芽。半坡遗址中许多小房子全都以一个大房子为中心，这种原始社会的生活方式，后来发展成为集合若干单体建筑组成“组群”的总体布局原则。

姜寨母系氏族聚落模型

商周时期是中国建筑的一个大发展时期。商代早期的河南偃师二里头遗址和后期的安阳殷墟遗址，是两种不同性质的建筑遗址，也许前者是“朝”，是规模宏大的公共场所。从它的柱础的排列可以判定它是以木结构为骨架，使用纵架形式。殷墟大墓葬的墓室都是井榦式结构形式。这两种结构形式，在中国建筑以后的发展中，都曾产生重大影响。

周代遗留的铜器上表现出了当时建筑的局部形象，如栌头、门、勾阑。尤其是东周战国中山王墓中出土的一件铜案，四角铸出精确优美的斗栱形象。由此可知，周代建筑上已经使用斗和栱，并已有简单的组合形式。中山王墓中出土的《兆域图》，不仅表明当时的制图水平，还告诉人们当时的建筑是先绘制出平面图才施工的。湖北蕲春发掘出的周代遗址，则明确地说明干栏结构已经普遍应用。

战国时期留下许多城市遗址。现今还可以在地面上看到的城墙遗迹，反映了当时城市建设的发达，足见在“百家争鸣”的学术繁荣时代，建筑也未曾落后。现存一些战国时代的铜器上，保存着线刻的建筑形象，乃是现知最古老的建筑立面图。从中也大致可以看出画的是台榭建筑，有踏步或坡道、屋顶、柱、梁。根据细部，仍可断定是纵架结构。

秦始皇所建的阿房宫前殿现存夯土基址，东西长1000余米，南北宽500米，残高8米。从尺度看，“上可坐万人，下可建五丈旗”，确有可能。西汉初期仍然承袭前代台榭建筑形式和纵架结构。西汉末台榭建筑渐次减少，楼阁建筑开始兴起。战国以来，大规模营建台榭宫殿，促进了结构技术的发展，有迹象表明当时已逐渐应用横架。长时期建造阁道、飞阁，又建高数十丈的井榦楼，促进了井榦和斗栱构造的发展，在许多石阙雕刻上，已看到一种层层叠垒的井榦或斗栱结构形式。从许多壁画、画像石上描绘的礼仪或宴饮图中，可以看到当时殿堂室内高度较小，不用门窗，只在柱间悬挂帷幔。文献所记西汉宫殿多以“阁道”相属，而未央宫西，跨城作飞阁通建章宫，可见当时宫殿多为台榭形制，故必须以阁道相连属，甚至城内外也以飞阁相往来。

在建筑史上，东汉是一个重要转折点，这时期虽然仍没有保存下原建筑，但建筑形象的资料却非常丰富。汉代崖墓的外廊（或是庙堂）、外门、墓内庞大的石柱、斗栱，都是对木构建筑局部的真实模拟。许多祠庙和陵墓前的石阙，都是忠实模拟木构建筑外形雕刻的。它们表示出木结构的一些构造细节。这些“准实例”唯一的不足之处是无法显示室内或内部构造。此外，还有大量的间接资料，如壁画、画像砖、画像石和明器中的陶楼、陶屋，对真实建筑的形象、室内布置情况，以及建筑组群布局等方面都做出形象的、具体的补充。根据这些资料，人们对中国古代建筑的感性认识才充实丰富起来。

史籍记载中最早的佛教建筑，是东汉末年笮融建造的浮屠祠。其后北魏时在平城永宁寺和洛阳永宁寺均建有木结构浮屠（塔），前者七级，后者九级。现已在洛阳发掘的永宁寺塔遗址为方形，阶基长宽均 38.2 米，每面九间，按九层估计，高近百米，应该是中国历史上最高大的木结构建筑。另据记载，南北朝所建佛寺共达数千所，惜均已不存。南北朝时期遗留的唯一建筑实例，是砖构的登封嵩岳寺塔。这时开凿的石窟甚多，如大同云冈石窟、太原天龙山石窟、天水麦积山石窟、磁县南北响堂山石窟等。这些石窟中，遗留下一些凿山而成的窟廊和窟内的中心

麦积山石窟寺建筑

塔柱，能够反映这一时期木构建筑的真实形象。石窟中浮雕的许多殿堂等建筑形象，也足以说明当时建筑的发展状况。值得强调的是，即使是塔这种特殊的佛教建筑，也并没有照搬印度形式，仍是用中国的固有建筑形式表现出来。南北朝时期接受外来影响最深刻持久的是装饰图案的母题——莲花、卷草，从此以后历代相承不绝，且花样有所翻新。

进入隋唐时期以后，中国古代木结构建筑才留存了实例，山西的南禅寺大殿和佛光寺大殿显露了唐代木结构殿堂的真面目。通过佛光寺大殿，可以判断自战国时期创始台榭建筑以来，创造出由斗、栱、枋组合成的“铺作”，进而创造出整体的铺作结构层，成为木构建筑发展成熟的标志。这是一种由井幹楼、台榭、阁道、斗栱等构造形式会合发展而成的新形式。这种水平分层叠垒的形式，适宜于建造大规模的或高层的建筑物。这种结构形式，至迟在初唐时已经成熟，而佛光寺大殿也许还不算水平最高的作品，这可以用大量的间接资料（如敦煌石窟壁画中的建筑画）来证明。后来宋《营造法式》中所记载的技术制度，如材份制、标准化等，从上述两个唐代实例中均能找到对应的做法。可以推断，这些技法在唐代或唐代以前均已创造应用。

斗拱

20 世纪 50 年代以来数次发掘唐长安城，证明了有关唐长安城规划的记载，确认了城门、道路、坊、市的具体位置和尺度，准确地绘制出唐长安城平面图。这是中国古代建筑史上第一幅具体的古代城市平面图。这些考古发掘也明确了长安城的部分宫殿（如大明宫、兴庆宫麟德殿）的位置、规模、布局，使唐代宫殿组群布局真相大白。

各地所存唐代砖石塔，如西安的大雁塔、小雁塔、兴教寺玄奘塔、登封会善寺净藏禅师塔、大理崇圣寺千寻塔等，原本是宗教性建筑。在中国，它们不但完全改变了在起源地的形式（窣堵波），而且实际上因为数量大、造型多、气势宏伟，已经成为中国的一种地区性的标志和中国名山胜景中不可或缺的风景建筑。

自南北朝开始改变席地而坐的习惯，唐代有越来越多的人使用桌椅，高坐要求增加室内高度，于是柱高增加了，出檐相对减小了，导致房屋外观立面比例的改变。同时使用帷幔遮蔽风雨的效果也随之减低，渐渐地普遍安装了门窗，并由此导致门窗上各种花格子的制作。

宋辽金元时期存留的建筑实物数量越来越多。宋、辽均继承唐代建筑制度，而辽代建筑风格尤其接近于唐代，如独乐寺的观音阁、山门，都保持唐代豪劲、朴实、典雅的风格。北宋初期的保国寺大殿、晋祠，已渐失豪劲而趋于秀丽。这可能是由于宋代用材较小，又将某些构件细部做成轻巧的形式所致。后来出现的如隆兴寺摩尼殿，则完全以秀丽取胜。这种建筑风格为金代所继承。辽代还创造出一种新形式和新风格的砖塔，如北京天宁寺塔。

北宋末曾致力于总结前代建筑经验，汇编成《营造法式》一书。书中确立了材份制和各种标准规范，如铺作构造、结构形式、分槽形式，以及各种比例关系，如间椽比例、柱高、层高、总高比例等。凡此，在中国古代建筑学上都有重大功绩。

元代建筑形制，除上述情况外，大都可视为宋《营造法式》制度的延续。自元代初期建造的永乐宫至末期建造的广胜寺明应王殿，同宋式建筑都无显著差异，只是昂嘴、耍头等装饰性部分略有不同。殿堂结构分槽原则同于《营造法式》，而具体分槽中对各种槽的形式比例，则有更改。全部外观和各项比例如柱高、举高、间广都同于《营造法式》，唯风格呆滞。元代在建筑方面还做了两件大事：一是完成大都城规划，为继唐长安城规划后的又一宏伟规划；二是尼泊尔青年匠师阿尼哥建成北京妙应寺白塔，从此中国佛塔中又增加了覆钵式塔这一形式。

明清两代遗留的建筑实物随处可见，宏大、完整的建筑组群为数甚多。其中如北京故宫、明十三陵、孔庙（曲阜）、清东陵和西陵、承德避暑山庄外八庙等，都是有计划、分期建造的宏大宫苑陵庙。此外，还有各地方的衙署、寺庙、私人住宅和园林。清代单体建筑实物大致与清工部《工程做法》的规定相符，同明清

明代早期紫禁城

以前实物相比较，标准化、定型化的程度很高。具体差异可举出：斗栱变小，攒数增多，斗栱的结构功能小，装饰效果强；出檐减小，举架增高等。值得注意的是，明代洪武年间的建筑，尚与元代建筑相同或差别很小，而自永乐年间开始才显然呈现出上述特点。如洪武年间建造的大同南门城楼、太原崇善寺等，明间仍只用平身科两攒，而永乐年间建造的长陵祾恩殿，明间已为平身科八攒。两个相距仅 40 年的建筑竟有如此不同的特点。此外，明清时代中国各少数民族（藏、蒙古、维吾尔）建筑均有相当发展，如西藏布达拉宫、新疆吐虎鲁克麻扎等的建成。承德外八庙建筑则反映了汉藏建筑艺术的交流融合。

第十一章　上善若水——中国水利工程史

中国水利历史悠久，自然条件、社会条件及科技条件对水利发展既有促进又有制约作用。不同时期、不同地区的水利开发情况可以反映水利技术及政治经济的状况。中国水利史按其主要内容（防洪、灌溉、航运等）的发展阶段可以分为六个时期。

[一、初步发展期]

从远古时期至公元前256年秦灭周朝，这一时期是中国水利的初步发展时期。

相传远古时共工氏曾治洪水，以土壅水。到尧、舜时，禹受命平治水土，导江河，开沟洫，通航道，多方面开发水利。至春秋战国时期，奴隶社会逐渐变为封建社会，铁器逐渐代替了青铜器，水利事业也自黄河流域开始相应发展。

早期实践　早期水利的实施往往针对当时已出现的急需解决的问题。例如：①防洪工程。黄河洪灾起自上古，战国时的赵、魏、齐等国在黄河下游为防洪已修筑较完整的堤防。②灌溉工程。夏商周有井田制，把农田用道路、沟洫划分成井字形九区，以沟洫形成灌排水网。商代即有引水灌田的明确记载。南方陂塘灌溉，如春秋时有期思陂及芍陂。北方渠系，如战国初期有智伯渠、引漳十二渠。淮、汉流域有秦昭王二十八年（前279）始建的白起渠，即今引汉水支流蛮河灌溉的湖北宜城县长渠的前身。③人工运渠。自春秋后期起，沟通南北水运网的人工运渠有太湖和长江之间的运渠，有江淮之间的邗沟，黄淮之间的鸿沟，济泗之间的菏水及江汉之间、济淄之间的运渠等。

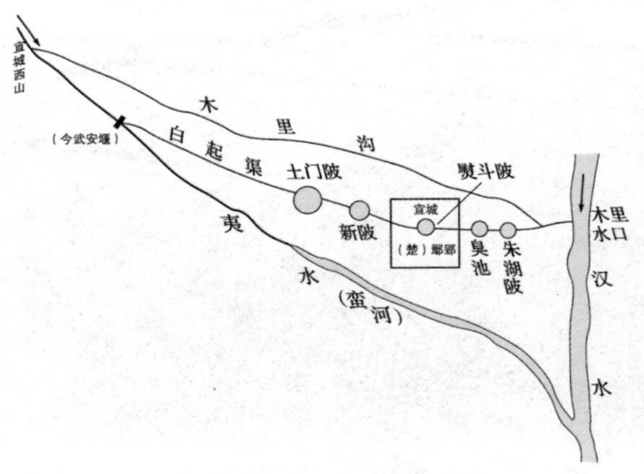

白起渠的渠塘结合系统示意图

早期记载　古代记载如《禹贡》中，划分全国为九州（九区），列出各州的山川湖泽、通航河道、土壤种类、农田等级及特产等。《周礼•职方氏》亦分全国为九州，指出其中七州适宜种稻，并列出各州水产、通航及灌溉水源薮、川、浸等，都表明先秦时期人们对全国水土资源有初步了解。《史记•河渠书》记有先秦各地的水利概括情况。《管子•度地》《周礼•稻人》《考工记•匠人》《淮南子•地形训》等著作，记有灌溉水质、地下水埋深、水流理论、渠系设计、测量方法、施工组织及管理维修等知识。这表明当时对水利已有多方面的认识。先秦已有一些方略性的论述，特别是对大禹治水的评论。春秋时一些诸侯国开发利用水土资源亦留下记载。周灵王二十二年（前550），太子晋提出平治水土的七项准则，强调因势利导，因地制宜。

[二、以黄河流域为主的时期]

自秦灭周至东汉中平六年（189），这400多年是以黄河流域为主的水利发展期，也是中国水利事业的第一个高潮。

西北农田水利蓬勃发展　西北少雨，常苦干旱，有了水利就能发展农业。关中修郑国渠之后百余年，汉武帝大兴水利，仍以政治经济中心所在的关中修建最多。当时关中面积和人口仅占全国十分之三而财富占十分之五六，与农田水利发达有直接关系。自元光六年（前129）起，关中泾、洛、渭各水系都被大量开发引用，其中以引泾的白公渠（后来与郑国渠合称郑白渠）最为有名。东面的黄河和汾水下游，与溯黄河而上至河套及更西的上游，都陆续有灌溉工程出现。自河套南至湟水流域多半是屯田水利。屯田是利用戍守的兵卒垦种农田，后来也有组织民丁垦田并守御的。

黄河以西，由河西走廊远至西域（今新疆及中亚一带），西汉时期以开发水利为主要措施。因地制宜的坎儿井已经出现。东部如汉、淮、汶等流域都有大规模灌溉工程。除西北外，其他边远地区如云南亦曾引滇池水灌田。东汉政治中心东移洛阳，中叶以后关中战乱残破，水利衰落，水利工程修建开始向海河流域和江南发展。

黄淮海平原的防洪治河　秦代曾大量整修不合理的堤防。西汉黄河已成地上河，经常决溢泛滥，多道分流。西汉倾全力修治，提出了不少方案和对后代有影响的论述。东汉王景治河，规模空前，收到一定效果。

东西大运河形成　汉代以长安和洛阳为起点，修建运渠通黄河，再利用先秦及秦代已有水道，可通江南，远至珠江。这一时期，长安、洛阳的城市供水系统已包括与漕运相结合的水道。此外，水力机具大量出现。历史文献方面已有水利通史——《史记•河渠书》和《汉书•沟洫志》。对水利科学的认识也有发展，如约秦始皇八年（前239）吕不韦等著《吕氏春秋》，最早提出水文循环原理。前250～前217年，秦令各县及时上报旱涝风雨，是中国最早的上报雨泽制度。

黄河以外流域的重要工程　这一时期，除黄河流域外，其他流域也有几处重要工程，如秦修三大水利工程：除关中黄河流域引泾水灌溉的郑国渠外，稍早于它的还有长江流域岷江上游的都江堰，这两大灌区为秦统一全国打下了经济基础；秦统一六国后又修了沟通长江水系和珠江水系的灵渠，为统一岭南创造了条件。

[三、向南发展期]

自东汉初平元年（190）至隋政权建立（581）的392年间，由于北方战乱多，人口大量南迁，江南形成了六朝的政治中心，南方有必要也有条件开发水利。南方江湖水域多，雨量大，水利门类和开发技术和前一期有较大差异。

洪灾及堤防　这一时期突出的特点是黄河很少洪灾，也少有修防记载。长江和汉水则有局部修堤记录。另一特点是利用江河作为战争工具，形成了大量人为水灾，长江中游、黄河上游、汉水、淮水、泗水、济水及一些山溪等都曾被利用，大规模的不下二三十次。

排涝及灌溉　由于南方多雨，农田水利出现了排涝问题。三国时魏对孙吴用兵，大兴江淮间屯田水利，淮、颍流域开渠数百里，蓄水灌溉。到西晋时涝雨成灾，毁弃了不少蓄水塘堰以便排泄。南朝宋梁时太湖流域开发，出现了排水问题，修建了排水工程。北方海河各水系下游曾因多水成灾，有人提出过排水规划，曾局部施工但中途停止。灌溉工程只有江淮塘堰的开发较突出，北方稍安定时亦常修复大型渠系。

运河的发展　最早的南北大运河，由于军事需要初步形成。曹操于东汉末北征袁尚开凿了沟通黄、海、滦河的一系列运渠，在黄河上与东西大运河连接，构成由滦河通钱塘江，或远通珠江的航道。南方河流众多，早期河道渠化使用的是堰埭（过船建筑物）等拦河建筑，这在三国时已有记载。晋以后大量修建。过堰埭收税是南朝政权的收入来源之一。

[四、鼎盛时期]

自隋初（581）至北宋末（1127）的547年间，是中国古代水利最发达的时期，具体表现为：在政治经济中占有重要地位，是当时国家的头等大事；水利普及全国，门类齐全；水利技术达到中国古代的最高水平。

重要地位　①运河。隋代为了控制东北和东南地区改建东西大运河及南北大运河，其中最重要的通济渠（新汴渠）段开凿时用了100多万民夫；后三年开北通涿郡（治今北京市）的永济渠，由于男子不够，还征发了妇女。隋炀帝曾率近10万人的船队由洛阳经运河至江都，大船高四丈五尺，长二百尺。又为了伐辽东，把军需品先集中在涿郡，运河中的运输船千余里络绎不绝。唐代每年由运河漕运（由水道运输粮食等）四百万石米粮至长安、洛阳。江淮以南各州郡的土产都可以由水运至长安。唐代中叶以后每年漕运不断，运河成了唐政权的生命线。五代后晋由于漕运方便，建都开封。北宋也以同样理由定都开封，每年由江淮漕运六百万石粮食至开封，还加开了通向四方的几条较短运河。②治黄河。北宋尽全力治黄河，是治黄的第二次高潮。治黄的征夫、征税远超长江流域。当时还曾尝试以人工改移河道。另外，掌权宰相的升降也往往和他们的治河政策与方略有关。

广泛普及　①数量多。隋及唐前期（581 ~ 756），关中及黄河中上游，西至西域的农田水利较西汉有所发展。汾水流域及海河流域的开发远超西汉。南方

则继南北朝之后持续发展。唐后期至五代、北宋，南方水利超过北方，以后农田水利的重心就逐渐移到了江南。②门类全。南方除持续发展塘堰灌溉外，自唐后期起，多水地区迅速发展了圩田这种新的农田水利形式。北宋已开始由长江下游向中游及珠江下游推广。浙、闽、粤沿海山溪的利用中出现了大量御咸蓄淡灌溉工程。自苏北至福建修建了不少防潮的海堤、海塘，其中以杭州湾海塘最著名。北宋大兴农田水利，在历代淤灌的基础上，利用北方多沙河流及山溪洪水，掀起了一个放淤肥田高潮。城市供水如唐代的长安、洛阳、晋阳（今山西太原西南），宋代的开封，都有一条或几条渠道及街道供水系统，提供饮用水及园庭用水，还附有水磨等农业加工机械。长安、洛阳、开封还和漕运结合，有大规模的停泊港。较小城市中，江西袁州的李渠、陕北中部县的上善泉、河南陕州的广济渠等也带有供水渠系。北宋时广州曾引蒲涧水入城供饮用。水能利用方面，如水碾、水碓等，在唐宋时期不但数量多而且规模大，提水工具如筒车等也有大量发展。

技术水平高　唐宋时期水利技术超过前代，元明清时反而有不少技术出现倒退落后。①运河工程水平最高。北宋雍熙元年（984），淮扬运河上已出现类似现代型的船闸——复闸，比西方早四五百年。唐代后期灵渠上已建有斗门 18 座，宋代增至 36 座。唐宋汴渠引黄河浑水为源，针对浑水易淤的特性采取了一系列措施。汴渠上的建筑物如穿城水门、堤防、人行道、纤道、虹桥等，以及淮扬运河、江南运河的涵、闸等都有较高水平。②堰坝埽工等技术已经成熟。唐代用于灌溉渠首的分水堰如郑白渠的将军翣，以石砌筑，长、宽都是百步。都江堰首部有楗尾堰，已和现代建筑类似。宋代河工已有软堰（草土堰）、硬堰（石堰）等类别，有马头、约、矶嘴等名称。埽工的卷埽、用料、设计、修筑等技术及其他修防措施已总结成书，如《河防通议》《宣和编类河防书》等。后者有 292 卷（已失传）。海塘至宋代已有柴塘、石塘等。③农田水利新技术。如引洪淤灌，北宋已总结成书（已失传）。方圆数十、数百里的圩田和围田的规划、施工等技术，前代也很少见。④水文、水力学等知识的进步。北宋时期人们已有了丰富的关于黄河水文的知识及初步的流量概念。

[五、漕运为主时期]

自南宋初（1127）至明嘉靖末（1566）的 440 年中，南宋初黄河入泗夺淮，元初修成京杭运河，徐州、淮安间借黄通运，三河连成一局。这一时期，农田水利北方衰落，南方持续发展，江南形成农业经济中心，南粮北调的漕运自元以后需要确保。治理黄淮运以保漕运畅通成为主要方针。晚明以后改借黄通运为避黄通运，黄运分开。清代虽仍重京杭运河的漕运，但对治黄的影响大为缩小。

京杭运河的发展　金据北方，曾修通中都（今北京）至通州的闸河。元代早期即勘测京杭运河北段，后全部开通。明永乐中迁都北京，重开运河，整修后成为南北交通动脉。黄淮海各河的治理都根据保漕为主这一方针进行，治黄要防决溢干扰运道及引黄济运。明前期两次黄河大工都是治运，海、汶各河的灌溉只能引用济运后余水。

南方水利深入发展　这一时期，远至珠江流域及金沙江流域的南方水利都有所发展。浙江的塘堰灌溉南宋时达到高峰；其次是江西、福建，大大小小有几万处。圩垸继续发展，太湖流域和荆江南北最多，有饱和趋势。此后即有废田还湖的争议。因为盲目围垦湖田，导致涝无排水出路，旱无蓄水灌田的严重问题。元明治理太湖已经以排涝为主。

[六、新技术酝酿期]

自明隆庆初(1567)至民国三十八年(1949)的383年间，水利事业进展缓慢，有的还在衰落。如古灌区的萎缩，京杭运河至清末淤断等。这个时期的特点是引进西方技术，形成技术上的突破。

多沙河流的泥沙治理　潘季驯治黄河，提出束水攻沙，清代治永定河有散水匀沙的议论。18 世纪，黄河、海河水系大量放淤固堤，中华民国时出现虹吸放淤，虽已利用泥沙，但不能解决河道淤积问题。

引进西方技术　明末清初西方传教士到中国，介绍了一些水利技术，如《泰西水法》等。大量全面地引入西方技术则自近代开始，大致可分为以下几方面：①电力设施。如水力发电和机电排灌的引进。1912 年云南螳螂川建成中国第一个水电站——石龙坝水电站。机电排灌于 20 世纪 20 年代在太湖流域开始发展。②理论及原则。除水力学、水文学和各项基础理论研究外，一些治理原则，如治河应上中下游兼顾、综合利用等，亦开始出现。③新措施。制度性水利措施大致自清同治以后陆续引进，如水位站、雨量站、水文站的设立，新法测绘，电话、电报、电灯、小铁路的使用等。④新物料。光绪年间开始引进水泥。混凝土开始用于水利工程。⑤新方法。如光绪二十四年（1898）始用新法勘查及规划黄河；1923 年请德国水工专家 H. 恩格斯研究黄河治理，开始采用水力模型试验；用新法设计建造混凝土坝。⑥教育及科研。设立水利专业学校，成立学会并创办学术期刊等。⑦行政管理机构的设立及水利法规的制定。

第十二章　文明之火——中国古代四大发明

中国古代所发明的指南针、火药、造纸术和印刷术是中国古代文明的标志性成就，也是中华民族对世界文明所做的伟大贡献。四大发明深刻地影响了中国和世界文明的进程。

[一、指南针的历史]

指南针在航海、测量、军事和日常生活中有着广泛应用，在人类文明史上拥有重要地位。

最古老的磁性指向器，大约是汉代人发明的“司南”。将天然磁铁加工成一外形似小勺的磁体，其勺底光滑，将其置于栻占用的光滑地盘上，其勺柄即指南。司南一直被人们沿用至唐代。汉唐之际，本草药物学家、炼丹家已知道以磁感应使钢针磁化的方法。南朝齐梁间陶弘景曾言及磁石悬连三四针，唐初苏恭（生活

司南和地盘复原模型

于7世纪）曾观察过好磁石悬连十针。晚唐段成式（约803 ~ 863）写下了“勇带磁针石”“遇钵更投针”的词章。它表明，指南针诞生于约9世纪中期。约200年后，成书于宋庆历元年（1041）的杨维德的堪舆著作《茔原总录》记述了堪舆家使用指南针而发现的地磁偏角。几乎同时成书的曾公亮（999 ~ 1078）的《武经总要》又记述了以地磁场磁化炽热的鱼形钢片而制造指南鱼的方法。在《武经总要》之后约半个世纪，沈括就在其著作《梦溪笔谈》（1080）中详细记述了“方家”利用磁感应制造指南针的方法、地磁偏角和指南针的多种安装方式。

人们最初亦是将指南针放置于栻占用的方形地盘上以确定方位。地盘中央是光滑的盘面。其四周分层布列天干、地支、二十八宿。以地盘作为方位盘并不方便。经堪舆家改进，方形变为圆形，在圆形板外周布八干（甲、乙、丙、丁、庚、辛、壬、癸）、十二地支（子、丑、寅、卯、辰、巳、午、未、申、酉、戌、亥）和四维（八卦中乾、坤、艮、巽），共24向以示方位度数。与今日360°的罗盘比较，每个方位为15°。由于两个方向之间，即两个汉字间缝也示方向，因此中国方位盘实为48向，每向含7.5°。将指南针置于这种方位盘内，就成为罗盘。

罗盘起初被堪舆师用作占卜。航海中用罗盘导航始于11世纪末，也即沈括在《梦溪笔谈》记述指南针之后10年左右。北宋朱彧《萍洲可谈》（1119）曾记述其父为“广州帅”（时在1099 ~ 1102年）之见闻，其时广州市舶舟师在海上已知“阴晦观指南针”以辨识方向。其后，徐兢（1091 ~ 1153）于宣和五年（1123）作为宋朝使者赴高丽。他在其著《宣和奉使高丽图经》中记载在海上“用指南浮针，以揆南北”。所谓“指南浮针”即水罗盘。其后有关记载渐多，并将罗盘称之为“地螺”。

宋缕悬法指南针

在罗盘中央设置圆池以盛水，将贯穿在灯芯草上的磁针放入水池中，就成为水罗盘。也可以用碗盛水投放磁针，在碗外圈套接一个圆形方位盘。甚至还可以在瓷盘内底直接釉绘方位，盘盛水后放入磁针即成罗盘。这样的罗盘在宋元考古发掘中累被发现。水罗盘是古代中国人的发明。

旱罗盘也是中国人最早发明的。1988 年在江西临川宋墓中出土两件“张仙人瓷俑”，俑的右手竖持一旱罗盘，置于左胸前，磁针是以回旋枢轴式装接的。瓷俑的墓主人下葬于庆元四年（1198）。可见，在 12 世纪下半叶中国人已使用了旱罗盘。

一般认为，指南针或罗盘是经阿拉伯传播到欧洲的。实际上宋元明各代，中国人的海上活动范围超越印度洋，最远到达非洲东海岸，航行全靠罗盘导向。一旦指南针或罗盘上了航船，船所到处，指南针或罗盘也随之传到该地。

[二、火药的历史]

最早的火药是黑火药，它起源自中国古代的炼丹术。

硝石和硫磺火炼（用火烘煅使被炼物变性，也称伏火）的基本配方载于《诸家神品丹法》的“伏火硫黄法”中，“硫黄、硝石各二两……将皂角子三个，烧令存性，以钤逐个入之……”此法约出现于 581 ~ 808 年间。炼丹书《真元妙道要略》（约成书于 9 ~ 10 世纪）中记载，“有以硫黄、雄黄合硝石并蜜，烧之焰起，烧手面及屋宇者”与“硝石……生者不可合三黄（硫磺、雄黄、雌黄）等烧，立见祸事”。这充分说明当时已了解黑火药剧烈燃烧和爆炸的性质。

北宋 1044 年曾公亮主编的《武经总要》中介绍了三种火药配方，是现知世界上最早的火药配方。宋、元、明各代，中国已制造出火箭、火毬（火炮）、火铳等各种火器。

13 世纪火药传入欧洲，改变了欧洲军事战争的历史。1340 年在奥格斯堡建

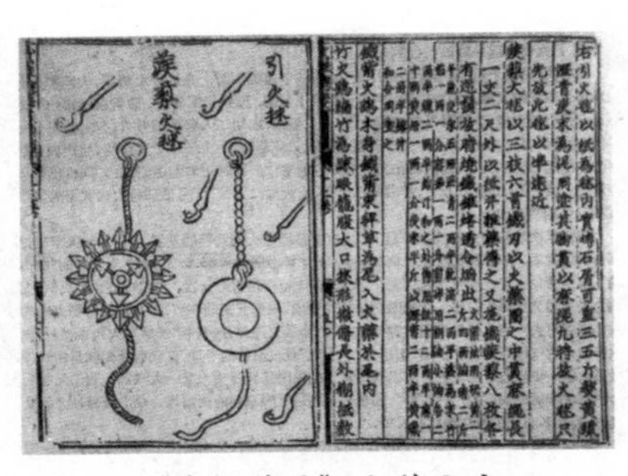
《武经总要》火药配方

立了欧洲最早的黑火药工厂。15 世纪末，西方出现了大型火炮，战争中普遍使用黑火药作为发射药。一直到 19 世纪晚期，法国科学家维埃那发明单基火药、瑞典化学家诺贝尔发明双基药（这两种火药无烟、能量高）之前，黑火药一直是世界上唯一的火药和炸药。

[三、造纸术的历史]

在纸还未发明以前，古埃及、古印度、中国等曾用纸草、贝树叶、山羊皮、泥板、甲骨、竹简、缣帛作为记事交流材料，这些材料或笨重、或昂贵、或来源稀少，不能完全适应社会文明发展的需要，从而促进了造纸术的发明和发展。

造纸术的发明与传播　中国汉代经济繁荣，文化事业蓬勃发展，对书写材料的需求日益迫切。但是，竹简、缣帛、方絮不敷使用，于是人们便萌生了变革传统书写材料的愿望。据范晔所著《后汉书·蔡伦传》记载："自古书契多编以竹简，其用缣帛者谓之为纸，缣贵而简重，并不便于人。伦乃造意用树肤、麻头及敝布、鱼网以为纸。元兴元年奏上之，帝善其能，自是莫不从用焉。"在《后汉书》前后的一些书籍（如《东观汉记》）中也有类似记载。说明在蔡伦以前用于书写的纸实际上多是竹简、缣帛；而在东汉元兴元年（105）蔡伦向东汉和帝献纸（蔡侯纸），表明他发明了最基本的造纸技术，能够利用植物纤维制浆、打浆、滤网抄造，从而在作坊内稳定地批量生产适合皇室要求的纸。20 世纪 30 年代以来，中国新疆、陕西、甘肃等地在考古发掘中，多次

蔡伦

出土若干被认为是西汉麻纸的片状纤维物，因而有人认为造纸术的发明可能在比蔡伦更早的西汉时期。但由于对这类片状纤维物的化验分析结果的解释不尽相同，加上考古断代的可靠性等问题，迄今对西汉时是否已发明造纸术尚存在着一定的争论。

自从造纸术被发明之后，纸作为最便于人们书写记事的新材料进入社会文化生活之中，并逐步在中国大地传播开来。317年，晋元帝司马睿迁都金陵（今南京），使造纸术从黄河流域传到长江流域和江南一带。唐、宋是中国造纸术发展史上的繁荣时期。据《新唐书•地理志》《通典•食货志》等书记载，当时的造纸业几乎遍及中国各地。明清两代是中国手工造纸术的鼎盛时期，手工造纸业中的许多技法已经形成固定的“程式”，如灰腌、晒白、捶捣、捞纸、晒纸等。中国的手工造纸术于4世纪东传到朝鲜半岛和日本，8世纪开始传入西亚、北非和欧洲，至19世纪中叶已传遍世界，至今仍是现代造纸技术的工艺基础。

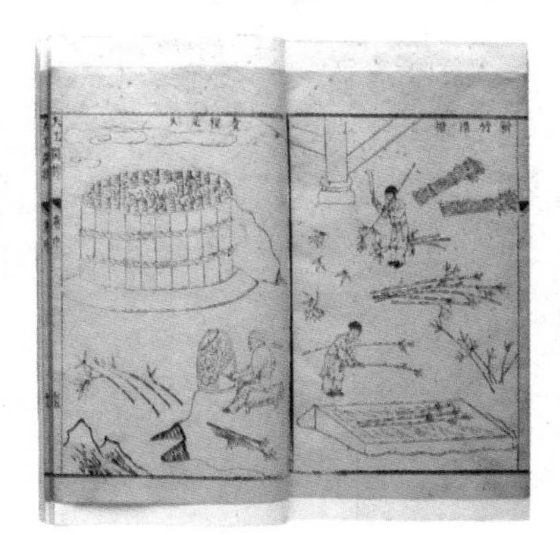
《天工开物》中的造纸图

手工纸的技术演进　中国古代造纸术的最大成就之一，是对价廉而丰富的植物纤维原料的利用。汉代所用的造纸原料多是麻类（麻头）、破布、树皮。晋代以后，造纸术传到南方，藤皮、稻草、麦秸、楮皮、桑皮等被大量地利用起来。唐宋年间，纸的原料种类至少有7种。明、清以来，造纸原料集中为竹子、稻草和树皮等。废纸也是中国古时的造纸原料之一。中国造纸术中的生产工艺，诸如发酵制浆和分级蒸煮、日光漂白、高浓打浆、流漉法捞纸等，直到17世纪前，一直处于世界造纸技术的前列。

发酵制浆是将麻头放入塘水里浸泡，经过自然发酵，除去水溶性果胶等物质，制成麻缕。由于采用这种办法难以得到较高质量的纸浆，而且难以处理树皮、竹、草之类的原料，于是向沤料中加石灰，以强化化学作用，促进纤维离解。后来又改为加热蒸煮，用提高温度的方法来改善制浆效果。再后又利用草木灰与石灰水的混合液处理原料，更多地除去原料中的杂质。为了抄出好纸，又改成先用上述混合液多次蒸煮，然后再把所得的半熟料加以堆集发酵。至此，制浆方法逐步发展成为沤料、石灰处理、碱性蒸煮、半熟料发酵等多级（段）处理。

古代手工造纸的情景

日光漂白是把蒸煮后洗干净了的纸浆（原色），摊放在向阳的山坡上，经过几个月的日晒雨淋，直到纸浆变白为止。打浆是造纸过程中的一项重要工序。最初可能是仿照漂絮法，使用木棒捶打麻缕。后来便借用农业生产上的某些器具，兼作造纸工具，如用舂米的石臼捣打纸浆。到宋代，利用水力推动的打浆设备水碓问世，提高了打浆效果。捞纸，就是手执竹帘从“纸槽”中把悬浮着的纤维捞起，多余的水则从帘上漏掉；纤维在帘子上交织成均匀的湿纸，经干燥即成纸张。中国最早的捞纸工具是篾席或苇席，后来改用布模，进而使用竹帘。至晋代，捞纸工具已普遍发展为竹帘。这种竹帘捞纸法，在手工造纸业中一直沿用至今。

中国古代的纸全由手工操作制成，故现在称其为手工纸，以区别于近代发展起来的用机械生产的机制纸。中国现代生产的手工纸品种不多，它们与古代的手工纸在制法和质量方面也是有区别的。

[四、印刷术的历史]

印刷术包括雕版印刷术和活字版印刷术。

自唐代初期至清末约1300年间，中国一直以雕版印刷为主。活字版印刷术发明于宋代庆历年间（1041 ~ 1048），至元、明、清代而发展成锡、木、铜、铅等各种活字印刷，其中以木活字使用最多。

雕版印刷术　雕版印刷是将文字、图像反向雕刻于木板，再于印版上刷墨、铺纸、施压，使印版上的图文转印于纸张的工艺技术，又称版刻、梓行、雕印等。其工艺过程是：将书稿编订后，由善书者依版式写于纸上，经校对后反贴于木板（多用杜梨木、枣木、红桦木），再由刻工逐字雕刻，即成印版。印刷时将印版和纸张分别固定于刷印台，用棕刷沾墨均匀施于版面。铺纸后于纸面给予适当的均匀压力，印版上的图文即转印到纸张上，从而完成一次印刷。

雕版印刷术的发明不晚于隋代（7 世纪初）。这一发明的推广应用大大降低了书籍生产成本，提高了生产效率，加速了信息知识的传播，推进了社会文明的发展。中国古代源远流长的汉字文化、雕刻技艺、简帛、笔墨纸张的应用，以及浩瀚的典籍，都为雕版印刷术的发明提供了必要条件。明代学者胡应麟认为："雕本肇自隋时，行于唐世，扩于五代，而精于宋人。"概述了雕版印刷的起源和发展。隋代印刷实物尚未见流传。现存最早的印刷品为西安唐墓出土的印刷品《陀罗尼经》。另有敦煌藏经洞所出的《金刚经》，为卷轴装，前有插图、后有年代，为唐咸通九年（868）刻印。整个印品刻版娴熟，印刷墨色厚重，证明当时雕版印刷技艺已达到很高的水平。唐代印刷品除佛经外，还有历日、字书、文集及通俗读物。

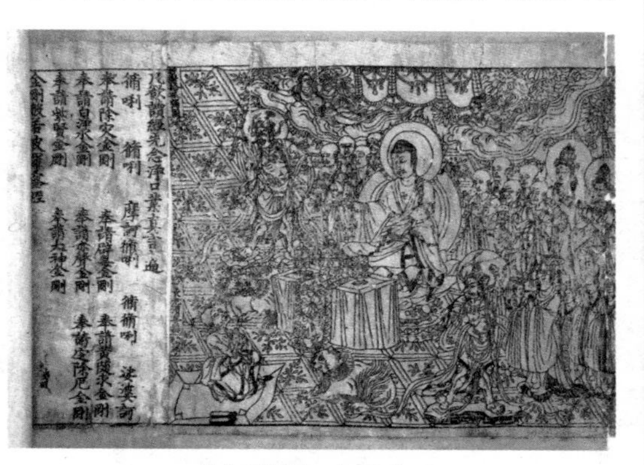
《金刚经》扉页版画

五代十国时，印刷地域有所扩大，品种增多，最突出的是朝廷开始在国子监组织编印儒家经典。在冯道等人的组织下，从后唐长兴三年（932）至后周广顺三年（953），历时 22 年，刻印出版了"九经"。与此同时，时任后蜀宰相的毋昭裔，私人出资雇工刻印了《文选》《初学记》《白氏六帖》等书，开创了私人刻印书籍的先河。

两宋时，雕版印刷达到鼎盛，从中央到地方各级府衙，大多从事过印书，民间印书作坊遍及南北各地，形成了杭州、建阳、汴京、眉山、江西等印书基地。印书数量大，品种多，除佛经外，经史子集等成为印书的主流，注重校勘，刻印精良，代表了宋版书的特点。由于民间作坊印书兴起，书籍作为商品在社会流通，因而版权保护也提上日程。与两宋同时期的辽、西夏、金等少数民族地区，也有发达的印刷业。燕京、兴庆、平阳等地，是当时著名的印刷基地。元代印刷业持续发展，突出特点是几所儒学书院联合分工印书，使《十七史》《玉海》等大部头书得以快速出版。在杭州、建阳等地书坊，首次刻印了各种戏曲本，有的还配有精美插图。明代雕版印刷地域之广、品种之多、数量之大均超过前代。官府的司礼监经厂，有刻、印、装订等工匠近千人。民间印刷的新品种是有插图的戏本、话本，各级地方府衙广泛编印地方志。新崛起的徽派刻工群体，代表了版画雕刻技艺的高峰。清代初期虽有文字狱，影响了民间印刷业的发展，技艺未有提高，但印刷量仍然很大。

明崇祯年间木版水印本《十竹斋画谱》

雕版既有单色印刷，也有多色套印，后者最早用于南宋的纸币印刷。现存最早的双色套印本是1341年的《金刚经注》。明代双色、多色套印书十分广泛，胡正言首创饾版印刷，可复制彩色绘画作品。清初版画工匠用这一技艺套印彩色年画，著名的有天津杨柳青、潍坊杨家埠和苏州桃花坞版画。19世纪，随着近现代印刷技术的兴起和传入，雕版印刷逐渐被新技术代替，但作为中国古代的传统技艺，单色印刷和多色套印流传下来并有新的发展。

雕版印刷术发明后不久，就开始向东方邻国传播，并从13世纪起沿着丝绸之路，经波斯、埃及向西方传播。

活字版印刷术　雕版印书比手抄书快数十至数百倍；但印 1 页书，须雕 1 块版，一部大书要多人雕刻好几年，版片汗牛充栋，若要印别的书，又得从头雕起，浪费人力、物力、时间和空间。针对这种情况，毕昇在北宋庆历中（1041 ~ 1048）首先发明胶泥活字印刷术，在世界印刷史上居于光荣的地位。但是，毕昇的发明只载于当时科学家沈括的《梦溪笔谈》中。据沈括记载，其活字用胶泥制成，“火烧令坚”，按韵存放。排版时用一铁板，上布松脂蜡、纸灰等混合物，置铁范，依次密布活字。排完一版后，加热铁板使松脂蜡等熔化，覆平板压字面使活字牢固，版面平整，即可用于印刷。印后，再用火加热，取下活字，贮存原处，以备复用。这一发明包括活字制作、存放、排版、拆版、还字等完整的工艺。不过，沈括对于毕昇的籍贯生平没有交待，只说他是一个普通的平民，有的外国学者说他是一个铁匠，《不列颠百科全书》又说他是炼金术士，均不可信。毕昇印过什么书已不可考，死后其字印为沈括的侄子们所得。自毕昇后有人仿效泥活字，又有瓷活字，元代开始用木活字，有人铸造锡活字，明清两代流行铜活字和铅活字。

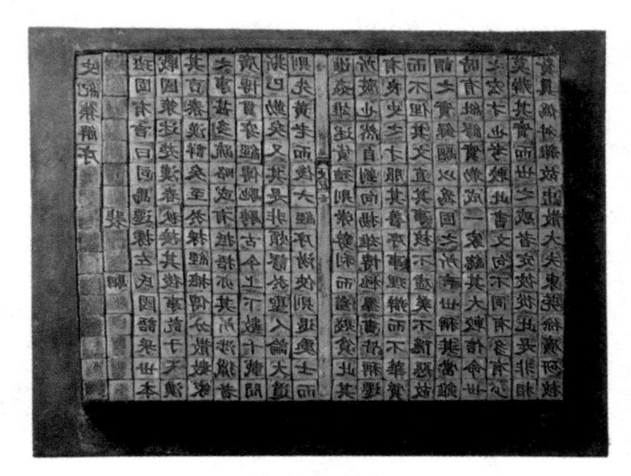
活字印刷术

元代农学家王祯是活字印刷术的改进者。他延请工匠制木活字，设计转轮排字架，按韵存置木字，制订取字排版刷印方法，于 1298 年印刷了《大德旌德县志》并把整套经验撰成《造活字印书法》，附于《农书》卷后出版。清代管理武英殿刻书事务的四库馆副总裁金简，统计《佩文诗韵》，得单字六千数百（生僻字不收），于乾隆三十八年（1773）

王祯木活字印刷

奏准刻枣木活字25万个，依韵目分贮于8层抽屉的木柜中，字名“聚珍”。曾辑刻《武英殿聚珍版丛书》138种（内有4种为雕版）及其他单行本数种。金简并于1776年撰《武英殿聚珍版程式》，叙述聚珍版排字校对刷印的工艺方法和过程。乾隆中叶到清末130余年间，木活字印刷流行多省，并有“子板”“合字板”等名称。

活字版雕刻虽然省力省时，但八百年间未得大力提倡发展，除政治、经济等原因外，活字版雕刻本身也有技术上的缺陷。一般私人或书坊限于资本，所备活字不过数万，因受字数限制，不得不采取一面排印一面拆版再排的办法，同一副活字大小高低不能整齐划一，垫版凹凸不平，字体歪斜，墨色浓淡不匀，又因校对不仔细误字较多，因此活字印本不受人重视，有人以为活字本只不过是权宜之计，只有雕成整版，才算是正式出版物。而且活字本书若要重印，必须重新排版，反不如雕版可以再三印刷来得经济方便，因此在中国活版未能取代雕版印刷。总之，自唐代初期至清代末期1300年间，中国一直以雕版印刷为主，活字版不及雕版的十分之一。鸦片战争后，传统的雕版与旧有的活字版逐渐被西方的石印和铅印所取代。

第十三章　东西交融——科学文化交流史

[一、西学东渐]

16世纪晚期西方传教士大量来华，面对有着历史悠久、文化深厚的中国，采取“科技传教”的策略，从而将天主教教义、宗教伦理知识及大量西方科学技术传入中国，史称“西学东渐”。

在中国数千年文化史上，有两次重大的外来文明入传并产生深远影响的事件：一是起自公元初东汉时期印度佛教文化的传入，对中国古代宗教、文化、艺术、哲学等都产生了重大影响；二是始自明末意大利传教士利玛窦来华（1582）、止于清末（20世纪初）的西学东渐，西方天主教与科学技术的传入，对中国科学技术、思想和文化产生重大影响。西学东渐跨越300多年，其间大致以清雍正二年（1724）

利玛窦

禁教等为界，分为前后两次。

第一次西学东渐　1582 年利玛窦抵达中国澳门，次年与罗明坚进入中国内地，开创科技传教的局面。1724 年雍正皇帝下令禁止传教和 1773 年罗马教皇下令取缔耶稣会，宣告第一次西学东渐失败。100 多年间，伴随宗教的传播，西方的科学技术大量传入中国。

西方天文历法知识东传。1582 年利玛窦带进中国一幅反映地圆说的世界地图，这是西方地圆说第一次传入中国。以后，他在中国内地制造天球仪、地球仪、日晷等天文仪器，并最早把西方于 1582 年 3 月颁行的按照儒略历修改而成的现行公历介绍到中国。利玛窦还著译《经天谈》（1601）、《乾坤体义》（1605）、《浑盖通宪图说》（1607）等，介绍地心说和地球、太阳、月亮、黄道、坐标系、经纬度等概念，以及西方测定的各种星体等。明朝廷特设历局，聘请传教士参与，修成《崇祯历书》（1634）。清初，《崇祯历书》被修改为《西洋新法历书》（1645）。它们使中国古代天文学体系发生根本性变化，由传统的中国算学体系转变为欧洲古典几何学体系。康熙帝亲政后，启用汤若望、南怀仁等传教士主持钦天监业务，同时使用

南怀仁

南怀仁造六架天文仪器置于北京古观象台

大统历、回回历和西洋历。传教士著译《天问略》《灵台仪象志》《历法西传》《新法历引》等；制作各种天文仪器，最为重要的是现存放北京古观象台的黄道经纬仪、赤道经纬仪、地平经仪、象限仪、纪限仪、天体仪。

西方数学知识东渐。始自利玛窦译作《乾坤体义》（1605）第3卷（专论数学）。最为重要的是利氏与徐光启合译的《几何原本》（前6卷），1607年在中国出版。传教士还著译有《同文算指》《割圆八线表》《筹算指》《比例对数表》等数学著作。把西方初等数学方面的几何学、三角学、对数学，以及算术笔算法、计算工具等传入中国，使明代衰落的中国古代数学转向复兴，在清代形成中西数学融会贯通的局面，出现梅文鼎、明安图等数学家及《数理精蕴》等著作。

西方地理知识东进。始于1582年利玛窦带进中国的世界地图。1584年，利氏在肇庆绘制中国第一幅世界地图《山海舆地图》，还在北京绘制现存中国最早的世界地图《坤舆万国全图》（1602）和在中国最早用球面投影法制成的东、西半球图《两仪玄览图》（1603）等地图，并著有中国第一部世界地理著作《万国图志》（1595）等。利氏把五大洲、四大洋、五大气候带、南北极与赤道等地理大发现后出现的世界地理知识介绍进中国，并且把西方的经纬度制图法、投影制图法带入中国，打破中国古代传统的画里计方绘制地图方法一统天下的局面，在中国开创了一条新的制图道路。截至清中期，外国传教士在中国编著的地理著述约40余种。其间最重要的事件是，康熙帝任用外国传教士与中国学者一起用11年时间编绘成水平居当时世界前列的《皇舆全览图》（1708 ~ 1718）。

西方医药知识东入。始自葡籍传教士卡内罗于1569年在澳门建立中国第一所西医院，即白马行医院（1973年关闭）。该院在中国最早使用西医术和西药。此后，瑞士传教士邓玉函著《泰西人身说概》，在中国系统介绍西方人体解剖学知识；传教士石铎琭在中国最早编译全面介绍西药的著作《本草补》。

西方建筑知识进入。始于外国传教士在澳门建立教堂和居所，如澳门最具艺术价值的遗址大三巴牌坊。以后，传教士在广州、南京、北京和中国其他地区建造教堂等，展现西方建筑艺术的特色和魅力。最具代表性的是清乾隆年间建造的圆明园中的西洋楼。这是由意籍传教士郎世宁设计的一组欧式宫殿建筑群，包括谐奇趣、海晏堂、万花阵、花园门、西式喷泉等，富丽堂皇，技艺高超。

西方绘画艺术进入。始于传教士携入的圣母像、耶稣受难图等。其中最有成就和影响的是郎世宁的绘画。

天主教教义与古典哲学等的传播。1582年起利玛窦等传教士进入大陆，其根本目的是传播天主教义，在传教的同时也传入了作为当时欧洲神学理论基础的西方古典哲学等大量内容。

第二次西学东渐　第二次西学东渐，始自1805年牛痘入传和1807年英籍新教传教士马礼逊到华，止于20世纪初清王朝灭亡、中华民国建立。在1840年鸦片战争后，第二次西学东渐进入高潮，它将中国带进了半殖民地时代，同时逼迫中国向近代化方向发展。马礼逊在华，首次把《圣经》翻译成中文，编纂第一部《华英字典》（1816），创办英华书院（1815），在澳门参与创办西医诊所、眼科医院等，为以后新教（在中国通称为基督教）“学术传教”打下基础。在宗教广泛传播的同时，西方的近代科学技术知识、政治思想和军事经济学说大量东传。

西方近代医学知识传入。这一时期，西医院、西医药、西医术、西医学理论和知识、西医学校和西医书刊等全面传入中国。同时，涌现出以黄宽为代表的中国第一代西医医师，西医学从此在中国发展起来。

西方高等数学知识传入。李善兰和英国伟烈亚力合译的《代微积拾级》（1859），华蘅芳和英国傅兰雅合译的《微积溯源》（1874），最早将西方近代解析几何、微分学、积分学等高等数学传入中国。重要西方数学著作入传的还有：《几何原本》后9卷（1857），第一部介绍概率论的著作《决疑数学》，介绍西方当时最先进的三角函数对数表的著作《弦切对数表》等。从而使中国数学从实用研究转向较为理论化的研究，进而导致中国近代数学的产生。

西方近代天文、物理知识东渐。天文学方面，李善兰和伟烈亚力合译的《谈天》（1859），是中国第一部近代天文学译作，为哥白尼学说在中国的确立做出决定性贡献。后来，中国学者徐建寅于1874年出版其增订本，把西方直至19世纪70

年代初天文学最新成果增补进去，包括以拉普拉斯《天体力学》为标志的近代天文学知识。物理学方面，李善兰和英国艾约瑟合译的《重学》（1858）是中国第一部力学译著，最早介绍了牛顿三大定律。当时还译有第一批介绍西方光学理论的《光论》《光学》，第一部介绍西方声学的《声论》，以及《电学》《热学》，还有介绍X射线的《通物电光》，介绍最新通信技术的《无线电报》等，把西方19世纪物理学重要成就较系统地介绍到中国。

西方近代化学知识东传。合信编译的《博物新编》（1855）首次对西方近代化学知识作了介绍。中国化学家徐寿和傅兰雅编译的《化学鉴原》（1871）、嘉约翰及其学生何了然合译的《化学初阶》（1870），是中国最早系统介绍西方无机化学的译著。徐寿之子徐建寅和傅兰雅合译的《化学分原》（1871），是中国第一部分析化学译著。徐寿与傅兰雅还译有介绍有机化学、定性分析化学、定量分析化学、物理化学等知识的《化学鉴原续编》《化学鉴原补编》《化学考质》《化学求数》《物体遇热易改论》等，较为系统完整地引进西方近代化学，使中国停滞了数百年的古代化学开始转向先进的近代化学。徐氏翻译所用的元素译名和许多术语名称一直沿用至今。

西方近代地学知识的传进。19世纪中译西方地学著作数十部，影响大的有：英人慕维廉编译的《地理全志》（1853）10卷，分别为地质、地貌、水文、气象、气候、植物地理、动物地理、数理地理、地学史卷，较系统地介绍了西方近代地

学知识，且打破了中国传统地理学以人文地理为主、从属于历史的状况，有助于中国确立独立的地理学。华衡芳和美国玛高温合译《金石识别》（1872）、《地学浅释》（1873），前书是中国第一部系统介绍矿物学知识的译著，后书是中国第一部系统而完整介绍近代地质学知识的译著。

西方近代生物学知识的进入。合信的《全体新论》（1855）较系统地介绍了西方近代生理解剖知识。李善兰和英国韦廉臣合译的《植物学》（1858）为中国第一部系统全面介绍西方植物学知识的译著。其他译著还有《植物图说》《动物学启蒙》《动物学新编》等。甲午战争前后，西方生物学的重大成果，达尔文进化论被引进中国，产生了巨大影响。

西方机械火器等技术的传入。鸦片战争前后，中国许多有识之士认识到西方机械、火器等先进制造技术的重要性，于是大量引进技术并翻译书籍。当时的译作中，仅是武器制造的书籍就有数十部之多，例如丁拱辰编译的《演炮图说》（1841）。仅江南制造局翻译馆一个机构，就对19世纪西方的蒸汽机技术、铁路、造船、采矿、炼钢、铸造、电报、X射线技术等都有专门译著，如徐寿翻译的《汽机发轫》《西艺知新》，徐建寅编译的《船政丛书》《兵学新书》等。

《格致汇编》创刊号

中曆光緒二年春季
西曆一千八百七十六年春季
每季出印一卷
此卷三次排印
格致彙編
是編補續中西聞見錄
在上海格致書室發售
英國傅蘭雅輯

西方政治、军事和思想的传入。传教士及一些西方学者撰写大量著述、出版期刊、建立学校等，介绍西方国家的历史、军事、社会制度和思想。其中较为知名的有《中东战纪本末》《防海新论》《万国公法》《公法会通》《富国策》等译著，《万国公报》和《格致汇编》等杂志，以及马礼逊学堂、格致书院等学校。

第一次、第二次西学东渐的区别　第一次西学东渐与第二次西学东渐在传播的内容、范围、效果等方面是很不一样的。例如，西医在第一次西学东渐中仅流行于皇宫和上层官员中，对社会和民众几乎没有影响，传入的知识亦较为零星。在第二次西学东渐中，西医广泛普及到民众之中。传入的医学知识既多样又系统，既有书籍又创办了刊物。同时，西医建立了各种面向社会的医疗机构及医学校，并引入各种先进的西方医疗技术与仪器……西医不但在中国扎根，并且形成一门学问。第二次西学东渐传入的各类知识程度不同地对中国科学、文化、思想领域产生了影响，拓展了中国人，尤其是中国知识分子的理论视野和思维空间。第二次西学东渐不但孕育了中国近代科技，而且导致戊戌变法和辛亥革命的发生。

第一次、第二次西学东渐对比

	第一次西学东渐	第二次西学东渐
时间	1582年至18世纪30～70年代	1805年至20世纪初
传播者	天主教徒	新教徒（即基督教徒）
内容	天主教义、欧洲古典哲学、前近代科学（主要包括初等数学、描述性天文学和地理学知识等）	基督教义，西方政治、军事和经济学说，近代科学（主要包括高等数学、以哥白尼日心说为基础、拉普拉斯天体力学为标志的近代天文学，洪堡、李特尔创立的近代地理学，以牛顿三大定律为标志的近代物理学，以及近代化学等）
范围	限于宫廷和士大夫阶层	面向全社会、全国民众
效果	影响很大，对中国科学、文化、思想都产生影响，但最后以失败告终	影响巨大，直接孕育出中国近代科学技术，直接影响中国近代思想和政治进程

[二、东学西渐]

东学西渐指16世纪中后期至19世纪末中国传统科学文化在欧洲的传播，主要包括中医、天文、纺织、陶瓷、冶金、动植物，以及儒道文化等知识与技术在西方的传播。这些交流对欧洲文明和人类社会的进步做出了重要贡献。

明末清初，耶稣会士利玛窦、汤若望、南怀仁等来华。他们为了达到传教的目的，深入研究中国典籍，并与文人广泛接触，不仅促进了欧洲宗教、科学、艺术在中国的传播，同时由于他们的翻译和介绍，也使中国传统文化和科学西传欧洲。当时欧洲科学家和学者也对中国传统科学文化颇有兴趣，并进行介绍和研究，如17世纪80年代法国皇家科学院派遣科学家到中国进行调查研究。1687年，洪若、白晋、张诚等5人到达宁波，除传教外，还在中国进行考察研究，内容包括

中医脉学西传

天体和气象观测，动植物与矿物调查，以及研究中国天文学史、地理学史、自然史、医学、艺术史和工艺史。来华法国耶稣会士撰写大量的书信和著作，出版有《耶稣会士书信集》（1702 ~ 1776）、《中华帝国通志》（1735）和《中国论丛》（1776 ~ 1791，1814），被誉为有关中国的三大名著。其中《耶稣会士书信集》共 34 卷，不仅有传教情况的报告，也有关于中国科学和工艺的调查，其研究心得或考察报告成为 18 世纪启蒙运动思想家、科学家讨论中国科学文化的资料来源。

中医知识向西传播。中医对许多疾病的治疗效果并不亚于西医，这是欧洲人接受中医的原因所在。对中医的系统介绍，大约从 17 世纪中叶开始，来华耶稣会士和荷兰东印度公司医生起到重要的作用。起初西传的是脉学和针刺术，到 18 世纪，还部分翻译宋慈的法医学著作《洗冤录》、李时珍的《本草纲目》及脉学的相关论著。又如中国的人痘法（即种人痘防天花）在明末清初已相当成熟，1688 年俄罗斯专门派医师到北京学人痘法；1717 年传入英国，进而传至法国和其他欧洲各国；1721 年传入美国。欧洲人还对中医治疗性病（梅毒）感兴趣，对养生术也颇为关注。

中国天文知识西渐。中国数千年来进行了大量天象观测，这些观测记录有助于探索天体的演变规律，对近代天文学的发展有重要作用。法国耶稣会士宋君荣对中国天文学史进行了系统研究，并把大量手稿寄回法国，引起欧洲天文学家和学者的广泛重视。19 世纪，法国天文学家拉普拉斯、德朗布尔及毕奥等人，都曾对中国天文学史进行研究，认为长达 2000 年对黄赤交角变化、彗星回归周期、流星观测等的记录，都有实际的应用价值。如宋君荣有关中国古代二至日圭影观测的手稿，引起了拉普拉斯的重视，于是亲自加以整理出版，为黄赤交角变小的理论提供了历史依据。

丝绸、瓷器等制作技术西传。18 世纪之前，中国丝绸、瓷器制作工艺高超，质地优良，欧洲同类产品无法与之媲美。虽然从18世纪下半叶开始，欧洲对织机已有很大改进，但从成品的质量来看，中国仍胜过欧洲。因此来华耶稣会士为了满足欧洲人改进工艺的需要，特别是为完成法国政府的考察计划，在中国进行了大量的调查研究。如殷弘绪等在江西景德镇传教时，对瓷器原料和制造工艺进行了详细调查。内容涉及纺织、陶瓷、造纸、印刷、冶金等技术，他们绘制大量的图谱，记下工艺流程，寄回法国。这些图录许多保存至今，是研究18世纪中国工艺和技术发展的重要资料。其中有些工艺的描述，比明末宋应星的《天工开物》、康熙时代的《耕织图》等书的记录还要详细。通过这些图谱，可以复原中国古代某些业已失传的技术，因此它们具有重要的学术价值。

冶金术西移。大约在16世纪末中国白铜已输入欧洲。1688年英国伦敦出版的一本书中已提到它。欧洲最早明确提到镍白铜的是来华耶稣会士，他们在云南见到镍白铜，并加以介绍，1735年刊登在杜赫德撰写的《中华帝国通志》中。从18世纪起，镍白铜大量出口欧洲，促使欧洲人开始研制镍白铜。19世纪上半叶，镍白铜在欧洲大量生产。关于锌的研制，中国、印度、波斯和欧洲，在技术上都有一定的交流。17、18世纪，中国和欧洲贸易频繁，许多金属输入欧洲，欧洲人开始研究仿制的方法。18世纪还有英国人到中国，打听从菱锌矿炼锌的方法。

动植物及其知识西迁。从15世纪大航海时代起，有许多欧洲人在亚洲、美洲和非洲进行探险活动，其中，一些博物学家参与了对当地动植物情况的考察。中国幅员辽阔，拥有丰富的植物资源，他们来华后把中国的珍稀植物和种子带到欧洲进行栽培，大大丰富了欧洲的植物品种。除实物外，中国的动植物知识也大量西迁欧洲。进化论创始人达尔文在《物种起源》等著作中，引用中国《齐民要术》《本草纲目》等古籍的动植物资料近百处。

1779年巴黎出版的《中国论丛》中刊登的蘑菰蕈和灵芝